中国畜禽粪污还田利用区划研究

张怀志　周振亚　肖 琴　张 晴　罗其友　李全新　冀宏杰　著

中国农业科学技术出版社

图书在版编目（CIP）数据

中国畜禽粪污还田利用区划研究 / 张怀志等著. —北京：中国农业科学技术出版社，2020.12
ISBN 978-7-5116-5099-3

Ⅰ. ①中… Ⅱ. ①张… Ⅲ. ①畜禽—粪便处理—废物综合利用—研究—中国 Ⅳ. ① X713.05

中国版本图书馆 CIP 数据核字（2020）第 247737 号

责任编辑 于建慧
责任校对 马广洋

出 版 者 中国农业科学技术出版社
北京市中关村南大街 12 号 邮编：100081
电　　话 （010）82109708（编辑室）（010）82109702（发行部）
（010）82109709（读者服务部）
传　　真 （010）82106629
网　　址 http://www.castp.cn
经 销 者 各地新华书店
印 刷 者 北京建宏印刷有限公司
开　　本 710mm × 1 000mm 1 /16
印　　张 9.5
字　　数 151 千字
版　　次 2020 年 12 月第 1 版 2020 年 12 月第 1 次印刷
定　　价 39.80 元

前　言

畜禽粪污是优质的有机肥肥源，但随着规模化畜禽养殖业的快速发展，种植和养殖主体分离，再加上畜禽粪污体积大、运输困难，施用不便等因素影响，畜禽粪污还田利用受到限制，从资源变成了一种污染源，畜禽粪污治理也成为全社会关注的一个焦点。随着国家生态文明建设的推进，2014年1月1日，国务院颁布了《畜禽规模养殖污染防治条例》；为了治理南方水网地区畜禽粪污污染，2015年，原农业部出台了《关于促进南方水网地区生猪养殖布局调整优化的指导意见》；2017年，国务院办公厅印发了《关于加快推进畜禽养殖废弃物资源化利用的意见》，提出全面推进畜禽养殖废弃物资源化利用，加快构建种养结合、农牧循环的可持续发展新格局。

畜禽粪污还田利用是我国畜禽粪污污染治理的主要方式，但我国幅员辽阔，区域间气候条件、水土资源条件、地形地貌、种植业和养殖业产业结构、农作制度等差异大，因此，畜禽粪污还田利用方式多样，导致不同地区农田承载能力差异非常大。要推进畜禽粪污还田利用整体工作，需要从空间上对我国畜禽粪污还田利用进行分区，找出区域畜禽粪污还田利用的主要特征，科学测算畜禽粪污还田利用各项参数，设计出符合当地特点的畜禽粪污还田利用模式。

本研究从国家、流域、市域、县域等4个尺度对我国畜禽粪污还田利用区划方法进行了研究，同时，基于这4个尺度对全国、长江中下游地区、赤峰市和东海县的畜禽粪污还田利用进行了区划，根据区划结果提出了不同区域畜禽粪污还田利用方向，为国家和各地编制种养结合规划、农业农村发展、生态环境保护提供了政策依据。

畜禽粪污还田利用区划既要考虑自然资源条件，又要考虑各地区种植业结构和农作制度、养殖结构和养殖模式、农田承载能力等，还要考虑粪污处理技术和模式等多种因素，涉及多个学科的知识和研究方法，因此，研究中难免有些疏漏和不足，请各位读者批评指正。

本研究得到了农业农村部畜牧兽医局、赤峰市发展和改革委员会、东海县人民政府的大力支持，在此表示感谢！

著　者

2020年11月9日

目　录

第一章 畜禽粪污还田利用概述

一、基本概念

畜禽粪污 指畜禽养殖过程产生的粪便、尿液和污水的总称。

畜禽粪肥 是指以畜禽粪污为主要原料，通过无害化处理，充分杀灭病原菌、虫卵、杂草种子后作为肥料还田利用的堆肥、沼渣、沼液、肥水和商品有机肥。

种养结合 种植业和养殖业紧密衔接的生态农业模式，是将畜禽养殖产生的粪污作为种植业的肥源，种植业为养殖业提供饲料，并消纳养殖业废弃物，使物质和能量在动植物之间进行转换的循环式农业。

畜禽粪污土地承载力 指在土地生态系统可持续运行的条件下，一定区域内耕地、林地和草地等农用地所能承载的最大畜禽存栏量。

沼气 利用畜禽粪便等农业有机废弃物，经厌氧发酵产生的可燃气体，主要成分是甲烷，是沼气工程和沼气池的主产物。

沼液沼渣 畜禽粪便农业有机废弃物，经厌氧发酵产生的剩余物经固液分离后，液体部分为沼液，固体部分为沼渣，是沼气工程和沼气池的副产物。

农用地 农用地是指直接用于农业生产的土地，包括耕地、林地、草地、农田水利用地、养殖水面等。

二、畜禽粪污还田利用发展历程

（一）我国农民利用有机肥料有悠久的历史和丰富的经验

中国自古就是农业大国，有着悠久的农耕历史，先民用自己的智慧与实践经验获得了用肥养地的知识，逐步形成了用地和养地相结合的耕种传统，使我国几千年的土壤肥力和粮食生产得到相对的稳定。

我国祖先为农田施肥大约始于殷商时代，相传伊尹创造区田法，并有施肥可以增产的爻辞，春秋战国、秦汉时期已经施用畜粪和农业废弃物作肥料，荀子说“掩田表亩，刺草殖谷，多粪肥田，是农夫众庶之事也”。韩非子说“积力于田畴，必且粪灌”。《周礼》提出“土化之法”，主张用肥料改造土壤，把瘦地变为沃土，其中提出的“粪种”是利用各种牲畜粪来提高土壤肥力，如“騂刚用牛，赤缇用羊”，意思是说“騂刚（赤刚土）用牛粪，赤缇（赤黄土）用羊粪”，开创了因土施肥的先河。西汉的《氾胜之书》提出“凡耕之本，在于趋时，和土，务粪泽，早除早货”并提出“区田以粪气为美，非必须良田也”。北魏著名农学家贾思勰在《齐民要术》提出“凡人家秋收后，场上所有穰、谷稭等，并须收贮一处。每日布牛脚下，三寸厚；经宿，牛以蹂践便溺成粪，平旦收聚，除置院内堆积之。每日俱如前法，至春可得粪三十余车。至十二月、正月之间，即载粪粪地”。宋元时期农田施肥蓬勃发展，尤其南宋出现了家家积肥的局面，据南宋程珌《洺水集》记载“每见衢、婺之人，收蓄粪壤，家家山积，市井之间，扫拾无遗。故土膏肥美稻根耐旱，米粒精美”；由于当时粪肥需要量极大，积肥的人日益增多，促使粪肥转化为商品，还出现了专门经营粪肥的专业户，南宋吴自牧在《梦粱录》中就有这样的记载：京师杭州的积肥专业户，走街串巷收集各家的粪便，然后车装船载，来往穿梭于水陆交通之中。宋朝《陈旉农书》最早科学记载了堆肥技术：“于始春又再耕耙转，以粪壅之，若用麻枯尤善，但麻枯难使，须细杵碎，和火粪窖罨，如作曲样，候其发热，生鼠毛，即摊开中间热者置四旁，收敛四旁冷者置中间，又堆窖罨，如此三四次，直待不发热，乃可用，不然即烧杀物也”。元朝《王祯农书》提到大粪、小便、禽兽毛羽等皆可以作为肥源。明朝徐光启的《农政全书》，明代袁黄的《宝坻劝农书》给出了6种堆肥方法：① 踏粪法，南方农家凡养牛羊豕属，每日出灰于栏中，使之践踏，有烂草腐柴皆拾而投之足下，粪多而栏满，则出而叠成堆矣。北方猪、羊皆散放，弃粪不取殊为可惜，然所有穰谷稭等并须收贮一处，每日布牛脚下三寸厚，经宿，牛以蹂践便溺成粪，平旦收聚，除置院内堆积之，得粪亦多。② 窖粪法，南方皆积粪于窖，爱惜如金，北方唯不收粪，故街道不净，地气多秽，井水多盐。使人清气日微，而浊气日盛，须当照江南之例，各家皆置坑厕，滥则出而窖之，家中不能立窖者，田首亦可置窖，拾乱砖砌之，藏粪与中，窖熟而后用，甚美。③ 蒸粪法，农居空闲之地，宜竹茅为粪屋，檐务低，使遮风雨，凡扫除之土或烧燃之灰，箕扬之糠秕，断蒿落叶，皆积其中，随即栓盖，使气熏蒸糜烂，冬月地下气暖，则为深潭，夏月不必也。④ 酿粪法，于厨栈下深凿一池，细瓮使不渗漏，每春米，则聚砻簸谷及腐草败叶，沤渍其中，以收涤器肥水，沤久自然腐烂。⑤ 煨粪法，干粪积成堆，以草火煨之。⑥ 煮粪法，用牛粪，即用牛骨浸而煮之。清末民国，包括畜禽粪尿等在内的有机废弃物均得到了充分利用。富兰克林 · H · 金在《四千年农夫》指出，东方人口将近 5 亿，但他们的居住面积却只是美国的 1/2 多一点，耕地面积不到 208 万 km^2，这些耕地中许多已有了 2 000 年或 3 000 年，甚至是 4 000 年的耕作历史，若不是很好地利用人类粪便，他们在没有矿物肥料可利用的情况下，不可能生存下来，居住环境更不可避免受到粪便污染。

我国自 20 世纪开始进口化肥，由于受经济能力限制，到 1949 年，化肥施用总量不超过 300 万 t（实物），主要品种是硫酸铵。新中国成立后，我国化肥工业得到发展，化肥施用逐年增加，但在 50—60 年代，包括畜禽粪便在内的有机肥在农业生产中仍起主导作用，肥料施用仍以有机肥料为主，化肥为辅，1965 年，有机肥占肥料投入总量的 80.7%。进入 70 年代后，我国化肥发展很快，化肥在总肥料投入量中比重大大增加，据统计，1978—2015 年，我国农作物化肥用量由 884.0 万 t 增长到 6 022.6 万 t，增长了 6.8 倍，年均增长率为 5.3%，而有机肥料比重在逐年降低。不过应该看到的是，虽然我国自封建社会就有人粪尿商品化利用的萌芽，但是直到70年代，随着畜牧业的快速发展所产生的废弃物大幅增加，才促进了商品有机肥产业的兴起，90年代中后期，随着有机肥工业化生产技术的开发和推广应用，商品有机肥料的生产与利用得到了快速的发展。2004年，我国有机肥行业销售额达到35.22亿元；2010年，达到321.85亿元；2014年，达到756.78亿元；2017年，达到822.98亿元，市场增长速度非常快。

施用化肥在保障国家粮食安全中起到关键作用，但近些年来我国过量施用化肥现象普遍，过量施肥不仅导致化肥利用率和生产效益低下，还导致氮磷速效养分富集、温室气体排放增加、土壤次生盐渍化加重等问题。国家大力提倡畜禽粪污资源化利用，20世纪90年代中后期，农业农村部实施了“沃土工程”及发展“绿色食品”和推行“无公害农产品”行动计划；2013年，国务院发布了《畜禽规模养殖污染防治条例》，更是明确提出了有机肥生产在税收、运输等方面的支持及有机肥购买、使用、补贴等方面的优惠政策。2015年，农业农村部实行《到2020年化肥使用量零增长行动方案》，在该行动方案中，提出了有机肥替代化肥，即通过合理利用有机养分资源，用有机肥替代部分化肥，实现有机无机相结合。2016年，国务院发布“土十条”提出了“增施有机肥”，2017年，中央一号文件明确提出深入实施化肥零增长行动，开展有机肥替代行动，国务院办公厅公布了加快推进畜禽养殖废弃物资源化利用的意见，农业部发布了“开展果菜茶有机肥替代化肥行动方案”，2018年，中央一号文件进一步强调推进有机肥替代化肥，推进了我国畜禽粪污资源化利用产业的发展。为保证有机肥产品质量，促进其应用，相关部门颁布了一系列标准、规范等，包括NY525—2002《有机肥料标准》，NY884—2012《生物有机肥标准》，NY/T 3442—2019《畜禽粪便堆肥技术规范》，GB/T 25246—2010《畜禽粪便还田技术规范》，GB/T 36195—2018《畜禽粪便无害化处理技术规范》。

（二）有机肥料在农业生产中的作用

畜禽粪污含有丰富的有机物和营养元素（表 1–1），具有数量大、养分全面等优点，但也存在脏、臭、不卫生、养分含量低、体积大、使用不方便等缺点。无机肥料正好与之相反，具有养分含量高、肥效快、使用方便等优点，但也存在养分单一的不足。因此使用有机肥通常与化肥配合，才能充分发挥其效益。包括畜禽粪便在内的有机肥料与化学肥料相配合使用，可以取长补短，缓急相济。有机肥料本来就有的改良土壤、培肥地力，增加产量和改善品种等作用，与化肥配合施用后，这些作用得到了进一步的提高。自从在农业生产中使用化肥以来，有机肥与化肥配合施用就已经普遍客观存在，只是当时还处于盲目的配合，还不够完善，20 世纪 70 年代以来，我国化肥发展很快，经过许多科学工作者的研究和广大农民的实践，使有机、无机肥料配合施用日趋成熟，尤其是国家在 2015 年来推广应用有机替代化肥技术以来，有机肥料、无机肥料配合施用理论更趋完善。

1. 改良土壤、培肥地力

畜禽粪污中的主要物质是有机质，施用粪肥增加了土壤中有机质含量。有机质可以改良土壤物理、化学和生物学特性，熟化土壤、培肥地力，我国农村“地靠粪养、苗考粪长”的谚语，在一定程度上反映了施用畜禽粪肥对改良土壤的作用。施用畜禽粪便既增加了许多有机胶体，同时借助微生物的作用把许多有机物也分解转化成有机胶体，这就大大增加了土壤吸附表面，并且产生许多胶结物质，使土壤颗粒胶结起来变成稳定的团粒结构，提高了土壤保水、保肥和透气的性能以及调解土壤温度的能力。

丁英等在新疆博乐市 23 年的长期定位试验研究表明，施用当地农户或者畜牧养殖场腐熟牛、羊、猪粪，年施用量为 850~2 200 kg/667 m^2 时，有机肥处理、有机肥配施当地农户常量化肥一半处理、有机肥配施当地农户常量化肥处理与当地农户常量化肥一半处理、农户常量化肥处理比较，土壤有机质含量提高了 67.3% 和 63.8%；土壤全氮含量提高了 64.1% 和 68.8%，土壤碱解氮含量提高了 71.1% 和 56.6%，土壤速效磷含量提高了 9.8 倍。

表 1-1　各种畜禽粪养分含量（鲜基）

理化指标	猪粪	牛粪	羊粪	兔粪	鸡粪	马粪	鸭粪
水分（%）	68.74	75.04	50.75	57.38	52.3	68.46	51.08
有机碳（%）	13.76	10.41	18.86	15.26	16.51	11.97	13.25
粗有机肥（%）	18.28	14.94	32.3	24.61	23.77	20.93	20.22
全氮（%）	0.55	0.38	1.01	0.87	1.03	0.44	0.71
C/N	21.99						
全磷（%）	0.25	0.10	0.22	0.30	0.41	0.13	0.36
全钾（%）	0.29	0.23	0.53	0.65	0.72	0.38	0.55
pH 值	8.02	7.98	8.08	8	7.84	8.12	7.82
灰分（%）	9.81	7.14	12.68	11.31		8.48	
钙（%）	0.49	0.43	1.31	1.06	1.35	0.48	2.9
镁（%）	0.22	0.11	0.25	0.27	0.26	0.13	0.24
钠（%）	0.08	0.04	0.06	0.17	0.17	0.04	0.19
铜（mg/kg）	9.84	5.70	14.24	17.29	14.38	9.77	15.73
锌（mg/kg）	34.43	22.61	51.74	48.80	65.02	52.81	62.32
铁（mg/kg）	1 758.3	942.69	2 581.28	2 390.82	3 540.01	1 672.15	4 518.84
锰（mg/kg）	115.82	139.31	268.36	149.91	164.01	132.2	373.96
硼（mg/kg）	2.92	3.17	10.33	9.33	5.41	3	12.99
钼（mg/kg）	0.24	0.26	0.58	0.75	0.51	0.35	0.37
硫（%）	0.10	0.07	0.15	0.17	0.16	0.1	0.15
硅（%）	5.02	3.66	4.86	6.11		4.4	
氯（%）	0.07	0.07	0.09	0.18	0.13	0.06	0.08

Meng 等在松嫩平原盐渍化土壤上的试验表明（表 1-2），施用牛粪 10 000 kg/hm^2，随着施用年限的增加，土壤容重降低，孔隙度增加，田间持水量增加，其中，施用 18 年后的土壤与不施用牛粪比较，土壤容重降低了 0.08 g/cm^3，孔隙度提高了 3.52%，田间持水量提高了 3.82%。同时还可以看出，连续施用有机肥后土壤有机质、全氮、碱解氮、全磷、有效磷、有效钾的含量均要高于未施用牛粪处理，土壤脲酶、蔗糖酶、过氧化氢酶、磷酸脂酶活性也要高于未施用牛粪处理，这反映出施用粪肥的土壤中有机物分解、转化过程较强烈，土壤

养分状况越好，土壤能量越充足。

表 1-2　施用牛粪不同年限对土壤性质影响

理化指标	处理				
	CK	2 年	6 年	13 年	18 年
pH 值	10.5 ± 0.1	9.3 ± 0.6	8.3 ± 0.2	8.6 ± 0.1	8.5 ± 0.1
EC（dS/m）	2.0 ± 0.6	0.5 ± 0.2	0.4 ± 0.1	0.2 ± 0.0	0.2 ± 0.0
干容重（g/cm^3）	1.3 ± 0.2	1.3 ± 0.1	1.3 ± 0.1	1.2 ± 0.0	1.2 ± 0.1
孔隙度（%）	50.8 ± 2.0	52.0 ± 1.0	52.1 ± 1.4	53.5 ± 0.8	54.3 ± 0.8
最大田间持水量（%）	20.8 ± 2.1	21.4 ± 0.6.0	22.1 ± 2.0	23.6 ± 1.2	24.7 ± 1.4
有机质（g/kg）	11.9 ± 2.0	32.3 ± 10.6	33.2 ± 2.2	40.2 ± 2.0	43.0 ± 4.1
全氮（g/kg）	0.6 ± 0.1	1.5 ± 0.1	1.7 ± 0.1	2.0 ± 0.1	2.2 ± 0.1
碱解氮（mg/kg）	52.5 ± 2.5	85.9 ± 2.3	131.3 ± 2.5	161.4 ± 3.4	183.0 ± 5.1
全磷（g/kg）	0.4 ± 0.1	0.5 ± 0.1	0.6 ± 0.1	0.7 ± 0.1	0.8 ± 0.1
有效磷（mg/kg）	14.2 ± 1.1	18.7 ± 1.0	27.7 ± 1.2	38.1 ± 1.8	44.5 ± 2.1
有效钾（mg/kg）	212. 7 ± 12.3	217.3 ± 8.0	236.3 ± 8.1	253.7 ± 15.5	266.8 ± 14.0
脲酶（mg/kg · h）	0.5 ± 0.2	1.8 ± 0.1	2.2 ± 0.2	3.1 ± 0.1	3.2 ± 0.1
蔗糖酶（mg/g · d）	6.0 ± 0.8	26.7 ± 3.8	30.1 ± 2.9	26.1 ± 6.0	21.4 ± 3.5
过氧化氢酶（mL/g）	0.8 ± 0.1	1.4 ± 0.2	0.8 ± 0.1	1.8 ± 0.2	1.7 ± 0.1
磷酸酯酶（mg/kg · h）	0.1 ± 0.0	0.1 ± 0.1	0.1 ± 0.0	0.2 ± 0.0	0.2 ± 0.0

崔新卫等在湖南省衡阳市祁阳县官山坪中国农业科学院衡阳红壤试验站 35 年的有机肥与无机肥配施试验表明（表 1-3），长期单施化肥处理（NPK）导致土壤 pH 值显著下降，而长期施用有机肥（单施或与化肥配施）可不同程度地提高土壤 pH 值，缓解酸化。总有机碳含量各处理之间以 NPKM 处理最高，M 次之，而 NPK、NF 两处理相对较低，显著低于其他各处理。此外，与 NF 处理相比，长期施肥各处理均可不同程度提高全氮、碱解氮、全磷、有效磷和速效钾含量，其中，全氮、碱解氮、有效磷含量显著提升，速效钾含量除 NPK 外其他各施肥处理显著提升。且各施肥处理中，该 5 项指标均以 NPKM

处理含量最高。也就是说，长期有机肥与化肥平衡配施对于协同提升土壤养分与有机碳含量效果最优。研究也表明，长期施肥可不同程度提高土壤蔗糖酶和酸性磷酸酶活力水平。其中 NPKM 处理，蔗糖酶活性最高，酸性磷酸酶以 NPM 处理最高，NPKM 次之（二者无显著差异），长期施肥也可不同程度提高脲酶和纤维素酶活性。其中，NPKM 处理脲酶活性最高，纤维素酶活以 M 处理最高，NPKM 处理次之，总体上说，长期施入有机肥或有机肥与氮磷钾平衡配施，可显著提升 4 种关键酶活性。

表 1–3　连续 35 年不同施肥方式对土壤化学性质影响

处理	pH 值	总有机碳（g/kg）	碱解氮（mg/kg）	全磷（g/kg）	有效磷（mg/kg）	全钾（g/kg）	速效钾（mg/kg）
M	6.1 ± 0.0	20.5 ± 0.6	182.2 ± 10.4	0.7 ± 0.0	18.4 ± 1.4	22.3 ± 1.4	164.6 ± 8.0
NPKM	6.1 ± 0.0	24.7 ± 0.7	213.0 ± 5.9	1.3 ± 0.1	43.6 ± 2.5	22.3 ± 1.0	178.6 ± 7.4
NPK	5.7 ± 0.0	16.0 ± 0.9	147.9 ± 11.4	1.0 ± 0.2	21.2 ± 1.9	22.1 ± 0.6	107.7 ± 2.8
NKM	6.1 ± 0.1	19.4 ± 1.1	200.7 ± 21.5	0.8 ± 0.0	16.1 ± 1.3	22.8 ± 0.8	166.7 ± 6.3
NPM	6.0 ± 0.2	18.6 ± 1.4	204.8 ± 12.3	1.1 ± 0.1	40.1 ± 2.1	22.2 ± 0.9	151.7 ± 3.9
PKM	6.1 ± 0.1	19.5 ± 1.0	186.5 ± 18.0	1.2 ± 0.2	41.1 ± 2.1	22.2 ± 0.4	175.5 ± 4.5
NF	5.9 ± 0.0	13.7 ± 1.0	113.8 ± 1.8	0.7 ± 0.0	10.0 ± 0.6	22.6 ± 1.3	98.7 ± 6.9

注：M，有机肥处理；NPKM、NKM、NPM 、PKM 有机肥与无机肥配施；NPK，化肥处理；NF，不施肥处理；N、P_2O_5、K_2O、有机肥用量分别为 72.5 kg/hm^2、56.3 kg/hm^2、33.8 kg/hm^2、22 500 kg/hm^2。

粪污分解产生的养分不仅供作物吸收，也是土壤微生物生命活动所需养分的源泉。郭莹等在江苏常熟 12 年的定位试验表明，长期施用高量（9.0 t/hm^2）或低量（4.5 t/hm^2）粪肥（新鲜猪粪或发酵猪粪）耕层（0~20 cm）土壤所有施用粪肥处理的微生物碳源利用率、Shannon、Simpson 和 McIntosh 指数均显著高于不施用粪肥（不施肥对照）处理。范业成等 8 年定位试验研究表明，有机肥单施和有机肥与化肥配施处理（有机无机养分含量比例 5：5），与单施氮磷钾化肥比较，微生物总量和细菌数量分别增长 13.1%~34.1%，9.2%~30.4%。

2. 增加作物产量和改善农产品品质

畜禽粪便中含有植物所需要的大量营养成分、各种微量元素、脂肪和糖类。据分析，猪粪中含有全氮 2.91%，全磷 1.33%，全钾 1%，有机质 77%；畜禽粪便中含硼 21.7~24 mg/kg，锌 29~ 290 mg/kg，锰 143~261 mg/kg，钼 3~4.2 mg/kg，有效铁 29~290 mg/kg。由于有机肥料中各种营养元素比较齐全，这就为农作物高产、优质提供了条件。猪粪中含糖量 0.57%，其中，蔗糖 1 616 mg/kg，阿拉伯糖 1 995 mg/kg，葡萄糖 716 mg/kg，有了糖类，土壤微生物生长发育繁殖活动就有能源，有些微生物利用这些能量，使有些养分从不可给状态转化成可给状态，有些糖类，还可直接被作物吸收利用，直接提高农作物的产量和品质。

科学施用有机肥能提高作物产品的营养品质、食味品质、外观品质。刘骅等在新疆灰漠土 14 年的长期定位施肥试验表明，配施有机肥（NPKM）处理与不施肥（CK）、NPK 处理（单纯施用化肥）相比较，春小麦必需氨基酸含量为 3.61%，高于 NPK 处理的 3.57% 和不施肥处理的 3.31%。配施有机肥（NPKM）干湿面筋含量分别为 13% 和 39.8%，高于不施肥处理的 12.2% 和 36.4%，也高于施用化肥处理的 11.5% 和 35.1%。配施有机肥处理与 NPK 相比，面团形成时间缩短 0.4 min，而断裂时间延长了 1.6 min，面团稳定性大大提高（表 1–4）。

表 1–4　施肥对春小麦籽粒性状、品质的影响

处理	出粉率（%）	氨基酸产量（kg/ hm^2）	蛋白质产量（kg/ hm^2）	干面筋含量（%）	湿面筋含量（%）	降落值（s）	沉淀值（mm）	面团形成时间（min）	面团断裂时间（min）
CK	60.9	14.2	79.5	12.2	36.4	495.0	37.6	4.8	6.5
NPK	61.3	149.3	653.4	11.5	35.1	473.0	31.8	4.7	6.6
NPKM	61.2	190.2	854.8	13.0	39.8	516.0	35.0	4.3	8.2

注：CK，不施肥；NPK，化肥；NPKM，有机肥化肥配施，配施有机肥为羊粪。

崔新卫等研究表明，加工品质中，长期施肥可不同程度提高稻米的精米率和整精米率，以NPKM处理精米率和整精米率最高，与NF相比分别增加7.75%、5.71%；外观品质中，各长期不同施肥处理，稻米垩白粒率和垩白度两项指标均有不同程度降低，以NPKM处理降幅最大，与NF相比分别降低2.25%、0.35%。食味品质中，各长期不同施肥处理，胶稠度以NKM处理最高，NPKM处理次之，二者均显著高于NF处理，直链淀粉含量以NPKM、NKM两处理最高，均为13.55%，二者显著高于NF处理；营养品质中，各长期不同施肥处理，蛋白质含量以NPKM处理最高而NF处理最低，二者间差异显著。总体表明，施肥可不同程度地提高稻米加工品质、外观品质、食味品质和营养品质，其中，以NPKM处理各项品质指标相对最优。

3. 减轻土壤污染

腐殖质能吸收某些农药，有机质与重金属离子形成螯合物等，易溶于水。可以从土壤中排出，能消除农药残毒，并减轻重金属污染土壤。如有机磷酸脂分配到土壤有机质上后大大加速了水解反应，降低了毒性，DDT在0.5%胡敏酸钠的水溶液中的溶解度比在蒸馏水中大20倍以上，使其易从土体中迁移出去。

三、畜禽粪污处理与利用基本方式

畜禽粪污处理与利用基本方式有厩肥、堆肥和沼气工程等，以及由此衍生出的其他处理利用方式。

1. 厩肥

厩肥也叫圈肥、栏肥，是指以家畜粪尿为主，混以各种垫圈材料积制而成的肥料。厩肥积制方式，可分圈内堆积和圈外堆积，还有介于二者之间的方法，即在圈内堆积一段时间后，出圈再堆（沤）一段时间，具体的积肥方法，因地而异。

圈内堆积是在圈内挖深浅不同的粪坑积制，有深坑式、平底式等。深坑圈积肥是我国北方多数地区养猪所采用的积肥方式，在南方也有部分地区采用。一般坑深 0.6~1m，圈内经常保持潮湿状态，垫料在积肥坑中经常被牲畜用脚踩踏，经过 1~2 个月的嫌气分解，然后起出堆积，腐熟后即成圈肥或厩肥；深坑式是在紧密、缺氧条件下堆积，腐解过程中有机质一面矿物质化，一面腐殖质化。平地圈积肥地面有用石板或水泥筑成，也有很多地方是用紧实的土底，垫圈方式一般分为两种类型：一种是每日垫圈，每日清除，将厩肥运到圈外堆积发酵；另一种是每日垫圈，隔数日或数十日清除一次，使厩肥在圈内堆沤一段时间，再移到圈外堆沤。

圈外堆积法按其堆积松紧程度不同，可分为紧密堆积、疏松堆积和疏松紧密交替堆积 3 种形式。

2. 堆肥

堆肥是指在人工控制和一定的水分、C/N 和通风条件下通过微生物的发酵作用，将废弃有机物转变为肥料的过程。通过堆肥化过程，有机物由不稳定状态转变为稳定的腐殖质物质，其堆肥产品不含病原菌，不含杂草种子，而且无臭无蝇，可以安全处理和保存，是一种良好的土壤改良剂和有机肥料。堆肥过程一般分为 3 个阶段。

（1）升温阶段　一般在堆肥过程的初期，在该阶段，堆体温度逐步从环境温度上升到 45℃左右，主导微生物以嗜温性微生物为主，包括细菌、真菌和放线菌，分解底物以糖类和淀粉类为主。

（2）高温阶段　堆温升至 45℃以上即进入高温阶段，在这一阶段，嗜温微生物受到抑制甚至死亡，而嗜热微生物则上升为主导微生物。堆肥中残留的和新形成的可溶性有机物质继续被氧化分解，复杂的有机物如半纤维素—纤维素和蛋白质也开始被强烈分解，微生物活动交替出现，通常在 50℃左右时最活跃的嗜热性真菌和放线菌，温度上升到 60℃时真菌几乎完全停止活动，仅有嗜热性真菌和放线菌活动，温度升到 70℃时大多数嗜热性微生物已不再适应，并大批进入休眠和死亡阶段。

（3）降温阶段　高温阶段必然造成微生物的死亡和活动减少，自然进入低温阶段，这一阶段，嗜温性微生物又开始占据优势，对残余较难分解的有机物做进一步的分解，但微生物活性普遍下降，堆体发热量减少，温度开始下降，有机物趋于稳定化，需氧量大大减少，堆肥进入腐熟和后熟阶段。

腐熟后堆肥可以直接施用于农田，用于作物生产、培肥土壤等。目前，我国市场常见的商业化堆肥产品包括普通有机肥料、生物有机肥料、有机无机复混肥料、复合微生物肥料等。

另外，生产实践中还广泛应用沤肥，沤肥材料与堆肥相似，所不同的是沤肥需加入过量的水，使原料在淹水条件下进行发酵，沤肥在南方应用较为普遍。

3. 沼气

沼气是畜禽粪便资源化利用最广泛的技术，能有效开辟资源，改善大气环境。养殖场畜禽粪污等通过管道送进沼气池，在厌氧技术条件下，通过过厌氧微生物的发酵原理，使粪污物中的有机物质发生转化并产生一定功能的沼气。发酵过程可以具体分为低温发酵、中温发酵以及高温发酵，自然作用下进行厌氧处理，对粪污物处理的程度、数量以及产生的沼气量都有一定的影响。冬天温度较低，处理分量减少，产生沼气较低，处理效果也不尽人意，夏天温度较高，能够处理分量较大的畜禽粪污，沼气产量较高，处理效果好。

第二章　畜禽粪污还田的影响因素与利用潜力研究

一、影响畜禽粪污还田的因素分析

第一次全国污染源普查公报表明，畜禽养殖业总氮排放量为102.48万t、11.97万t，分别占总污染物排放量的21.7%、37.9%；第二次全国污染源普查公报表明，畜禽养殖业总氮、总磷排放量分别为59.63万t、11.97万t，分别占总污染物排放量的19.6%、38.0%，畜禽养殖业是水体污染的重要污染源。为降低畜禽养殖业对水体污染，粪污还田成为一种广受重视粪污处理、控制污染的途径。但畜禽粪污还田是一项复杂工程，即受到畜禽养殖数量及品种、农田面积影响，也受到粪污还田技术、政策条件等众多因素影响，研究粪污还田影响因素将有助于提高畜禽粪污还田的利用效率，保护环境。

（一）畜禽养殖数量及品种差异

我国畜禽养殖发展迅速，与建国初期相比，2018年，大牲畜、猪、羊、禽的年末存栏数分别增加了1.99倍、7.29倍、7.06倍和27.96倍。与世界其他国家相比，我国生猪的存栏量及出栏量均居世界第一位，约占世界总量的一半。在养殖方式上，也从以前的散养为主开始向规模化和集约化发展，21世纪初，规模化养殖场初具规模，约有50 000余个，近十几年来规模化发展更为迅速，尤其是规模化养猪场的发展最为迅速，2019年年底，规模化养猪场数量超过26.6万个，其中生猪、奶牛、肉牛、蛋鸡、肉鸡和羊规模化养殖场数量分别为15.22万、0.53万、1.58万、3.86万、3.65万和1.79万个。江苏淮安市、河南周口市的规模养殖场和养殖数量显示（表 2–1），不同县（区）的规模养殖场和养殖数量差异较大。

随着畜禽养殖数量快速增加，粪污（废弃物）产生量也快速增加。不同资料来源显示，不同畜禽品种每日排出的粪便量以及氮磷含量不同（表 2–2）。不同的研究人员采用的测算粪便产生量方法虽然不同，但养殖数量、养殖品种等都和粪污产生量有正相关关系，即养殖数量越多，产生的粪污资源量及其养分含量也越多，反之，则越少。

表 2–1　江苏河南两市各县（区）的畜禽养殖情况

市名	县（区）名	规模养殖场数量（个）				养殖数量（头、只）			
		生猪	牛	鸡	羊	生猪	牛	蛋鸡	羊
淮安市	淮安区	36	1	46	0	68 019	250	871 300	0
	淮阴区	88	16	57	4	53 645	3 900	1 171 700	2 069
	清江浦区	12	1	3	0	1 723	320	70 000	0
	洪泽区	27	0	41	5	7 557	0	1 442 000	5 320
	涟水县	86	4	128	5	64 930	436	1 407 200	2 570
	盱眙县	530	3	146	4	245 277	2 261	2 600 600	5 430
	金湖县	31	0	18	0	4 389	0	527 000	0
周口市	川汇区	0	0	0	0	0	0	0	0
	扶沟县	137	2	12	3	373 091	580	142 000	1 130
	西华县	332	2	63	6	285 921	3 800	852 500	4 756
	商水县	299	1	48	5	239 354	786	696 000	2 060
	沈丘县	79	24	48	25	66 480	5 466	676 000	11 786
	郸城县	302	20	230	40	79 755	3 423	2 281 100	14 432
	淮阳县	157	3	141	20	114 889	1 720	4 326 780	9 477
	太康县	307	32	47	26	539 307	2 525	417 536	13 208
	鹿邑县	259	12	91	17	178 860	730	1 904 600	2 310
	项城市	142	10	47	11	90 770	1 540	635 000	10 300

表 2-2　主要畜禽的饲养周期、粪尿日排泄量和粪尿氮磷钾含量（鲜基）

畜禽种类	饲养周期（d）	粪便日排泄量及其养分含量			尿液日排泄量及其养分含量		
		日排泄量（kg/d）	N（%）	P_2O_5（%）	日排泄量（kg/d）	N（%）	P_2O_5（%）
猪	180	3.75	0.55	0.48	4.66	0.23	0.05
肉牛	300	18	0.34	0.24	10	0.48	0.03
肉羊	195	1.30	1.01	0.50	0.45	0.59	0.05
马	240	8.00	0.49	0.30	4.90	0.69	0.14
肉驴	240	8.00	0.49	0.43	4.50	0.17	0.03
骡	240	4.80	0.31	0.36	2.88	0.17	0.03
兔	145	0.08	0.87	0.68	—	—	—
禽	60	0.13	0.76	0.76	—	—	—

（二）粪污收集及处理技术

畜禽粪污清扫出圈舍并收集是粪污还田利用的第一步，采用不同粪污清扫方式结果不仅体现在收集的粪污数量多寡上，还与后续处理难易程度有关；粪污处理是粪污有效利用的根本保证。

1. 畜禽粪污收集

目前，畜禽粪污收集的主要方式有干清粪工艺、水泡粪工艺、生态发酵床工艺等。其中，干清粪工艺主要技术要点是粪尿一经产生便尿液分离，干粪由人工或者机械收集、清扫、运走，尿及冲洗水则从下水道流出，便于分别进行处理；人工清粪工艺只需要一些清扫工具、人工清粪车等，设备简单、不用电力、一次性投资少，缺点是劳动量大、工作效率低；机械清粪包括刮板清粪和铲式清粪等，一次性投入较大，但工作效率高、劳动强度低，维护和运行费用较高。水泡粪工艺是在圈舍的排粪沟中注入一定量的水，粪尿、冲洗和饲养管理用水一并排入漏粪地板下的粪沟中，储存一段时间（1~2 个月），待粪沟注满后，打开出口的闸门，将沟中粪污排出，流入粪便主干沟或者经过虹吸管道，进入地下储存池或者用泵抽吸到地面储粪池；其优点是可保持圈舍内的清洁，劳动强度小等，缺点是粪便长时间在圈舍内停留，形成厌氧发酵，产生大量有害气体，恶化圈舍内环境，危及养殖动物和饲养人员健康，需要配套相应的通风设施，粪污后期处理难度较大。生态发酵床工艺的核心在于利用活性强大的有益功能微生物复合菌群，长期、持续、稳定地将粪尿转化为有用物质和能量，同时实现将畜禽粪尿完全降解、无污染的目标；其优点是节约水电、取暖等费用，地面松软有利于动物生长健康；缺点是物料需要定期翻倒，劳动量大，温湿度不宜控制，饲养密度小，生产成本高，但粪污后期处理难度小。

2. 畜禽粪污处理工艺

（1）粪便处理的主要工艺　①堆沤后直接还田，即粪便在堆粪场、储粪池、田间地头临时堆放处等场所，自然堆腐熟化，符合国家相关标准要求后，直接还田，该技术操作简单、处理成本低、劳动效率低、卫生条件差、占地面积大，通常适用于土地面积大、能够消纳粪便污水的地区。②好氧堆肥法生产有机肥，即采用不同堆沤方式，充分利用好氧微生物在适宜的水分、酸碱度、碳氮比、温度、空气等环境条件下，将畜禽粪便中各种有机物分解产热生成一种无害的肥料，其次，通过不同生产工艺生产出各种商品有机肥，主要工艺有加菌、混合、通风、抛翻、烘干、筛分、包装，其优点是生产效率高，占地较少，产品可以远距离运输，不受当地可消纳农田面积的限制；该技术既可以由养殖场执行，也可以由第三方完成。

（2）粪水处理的主要工艺　①贮存处理，污水尿液在贮存池内进行沉淀和自然发酵，沉淀后出水供周边农田施用，池底沉积粪污可直接还田或者固体粪便一起生产有机肥，该技术的特点是建设简单、操作方便、成本较低，但处理效率低下，粪污处理不彻底，且需要周边有足够的农田消纳。②厌氧发酵工艺，污水或者尿液经过格栅，将残留的干粪或者残渣用于生产有机肥，污水进入厌氧池发酵，发酵后的沼液还田利用，沼渣等可直接还田或者生产有机肥，该工艺投资较少，能耗较低，运转费用低，但是需要有足够容量的贮存池来贮存没有利用的沼液，也需要有农田消纳沼液。

常志州等研究表明，在粪污清扫、收集、贮存和处理等各个环节都存在氮素损失，清扫→堆积→还田（29%~80%N，均值为55%N）；清扫→堆积→高温好氧堆肥→还田（6%~ 56%N，均值为31%N）；清扫→厌氧发酵→沼液贮存→还田（9%~51%N，均值为30%N），可见不同工艺氮损失比例不同，这影响着粪污在农田的合理利用。

（三）可用于消纳粪污的农田面积

种养结合的根本目标是粪污作为作物需要的养分来源进入农田，一方面，我国实际生产上存在着农户种植规模小，而规模化养殖产生的粪污数量大；另一方面，农田的消纳能力是有限的，如果超过农田承载力，也会导致二次污染。欧盟规定在硝酸盐敏感地区的有机肥施用标准是不超过 175 kg N/m^2，英国洛桑试验站的有机肥施用标准是不超过 276 kg N/m^2，王方浩等提出我国耕地能够承载的畜禽粪便为 30 t/hm^2 左右，《禽粪污土地承载力测算技术指南》给出了测算方法。除了考虑粪污数量及其养分含量对消纳农田面积的影响外，估算用于消纳粪污的农田面积时候需要考虑以下因素。

1. 土壤肥力状况

判断土壤肥力状况如何，主要是通过测算土壤有机质含量。《2016 年全国耕地质量监测报告》显示，我国耕地土壤有机质平均含量 24.3 g/kg，处于中等肥力水平。增施有机肥可以提高土壤有机质含量，唐继伟等在山东德州 2007—2014 年定位试验研究有机肥用量对耕地质量影响，试验地初始耕层（0~20 cm）土壤有机质 8.5 g/kg，全氮（N）0.6 g/kg，有效磷（P_2O_5）9.9 mg/kg，速效钾（K_2O）100 mg/kg，有机肥选用当地养殖场的腐熟厩粪，用量按照120 kg N/hm^2、240 kg N/hm^2、360 kg N/hm^2、600 kg N/hm^2 折算，结果表明，土壤有机质含量随施肥年限的延长而逐年增加，同时，随施肥量的增加而升高，到 2014 年，各处理的有机质含量依次为 13.63 g/kg、16.87 g/kg、20.85 g/kg、28.58 g/kg，土壤有效磷依次为 65.03 mg/kg、129.73 mg/kg、199.12 mg/kg、321.60 mg/kg，有效钾依次为 92.76 mg/kg、136.98 mg/kg、202.16 mg/kg、333.63 mg/kg。刘春柱等在黑龙江的 2004—2014 年定位试验研究 15 000kg /hm^2、30 000kg/hm^2 用量有机肥对 0cm、5 cm、10 cm、20 cm、30 cm 等 5 个侵蚀深度农田黑土肥力影响，结果表明，不同用量不同深度土壤有机碳含量分别为 26.2、23.8、21.8、21.0、17.6 g/kg 和 31.7、29.0、28.0、27.5、25.2 g/kg。总之有机肥用量越多，土壤有机质含量增加就越多，反过来，土壤有机质含量越低，有机肥用量越高。

2. 种植模式与作物结构

养分归还学说认为：作物从土壤中吸收、携走的养分，必须通过施肥加以补充和归还，否则就会耗竭土壤养分，不能持续生产。通常情况下，同一种作物产量越高，作物带走的养分量就越多，需要归还的养分就越多，也就是说投入的肥料量就越多；同一产量下，不同作物养分吸收量也不同，如生产 1 t 水稻、玉米籽粒所需吸收的氮数量分别为 14.6 kg、25.8 kg，吸收的 P_2O_5 数量为 6.2 kg、9.8 kg。在确定粪污还田数量时候，至少应该能够满足作物养分吸收需求。

3. 种植业化学肥料施用量

生产上施用的肥料按照化学成分可分为有机肥料、化学肥料。由于其肥料快、应用数量远小于有机肥料、农村缺少强壮劳动力等原因，近 40 年来，化肥用量逐年增加，2015 年，我国化肥用量达到 6 000 多万 t（折纯），据李淑田等测算，化肥源 P_2O_5 投入量超出了农田产出量，化肥源氮投入量占农田氮产出量的 74.1%，化肥施用已严重影响了畜禽粪污还田（图 2-1）。

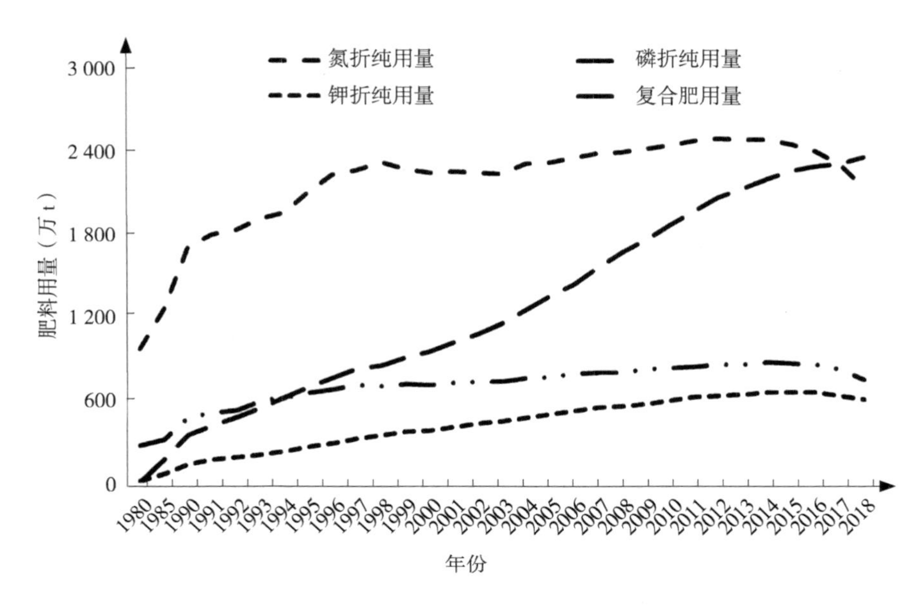

图 2-1　1980—2018 年我国化肥用量

（四）畜禽粪肥还田施用技术条件

我国每年产生粪污量在 20 亿 t 左右，体积较大，再加上运输困难，我国小农户种植与规模化养殖脱节、专业化机械化水平低等因素，这些都制约种养结合工作开展。欧美等发达国家十分重视粪肥机械化还田，例如德国从设计、材料、制造、动力等全方位研发粪肥施用机械，美国则强调发展粪肥还田的社会化服务。近年来，我国引进研发了一些固体粪肥的施用机械，如圆盘式粪肥撒肥机，也有通过管道等方式实现沼液、污水等应用。但应该看到，我国农户经营地块小，大型撒肥机撒出的粪肥可能超出农户地块范围，以及机械自身较大，难以应用等问题，未来应该重点研发粪肥在田间，尤其是设施用地的便捷运输设备以及适合小农户施用的施肥设备等（图 2-2）。

图 2-2　粪肥机

（五）种养结合主体认知水平

种养结合离不开人的因素，这里所指的人就包括养殖业者和种植业者。从养殖业者的角度看，粪污是一种资源，存在经济价值，同时粪污收集处理也存在一定成本，因此可能不愿意给种植业者免费施用，希望获取一定经济效益。而对于种植业者而言，粪污是一种养分资源，可以培肥土壤、增加产量，但是与化肥相比，其养分含量低、体积大、不易运输、施用时费工、费力等，因此又没有购买施用畜禽粪污的自觉能动性，特别是现在以小农户为主体的农业生产中，尤其是农村大量年轻劳动力涌向城市和工厂，种植业者人群以妇女和老年人所占比重较大，受体力限制，施用畜禽粪污的积极性更低，总之，种养主体的利益联结障碍尚未突破。根据农业农村部对全国 23 706 个典型地块的最新调查，种植粮食作物施用了有机肥（主要为畜禽粪便等粪肥，不含秸秆等有机肥）的田块比例合计为 19.1%，其中，水稻、小麦、玉米、甘薯和马铃薯分别为 11.9%、34.5%、20.5%、

31.7% 和 48.2%；经济作物施用有机肥的田块比例约占 36.9%，其中，花卉、果树的有机肥施用比例均在 50% 以上，甘蔗、甜菜、烟草、茶、桑类作物施用有机肥的地块占调查地块的 30%~40%，棉花、油菜及其他油料作物则较低。瓜果蔬菜施用有机肥的田块比例较高，其中根茎叶类蔬菜和瓜果类蔬菜分别为 56.1% 和 56.4%，水生蔬菜较低，为 24.6%。

如何提高种植业者施用畜禽粪污的积极性是种养结合的关键，一是要降低畜禽粪污施用成本，畜禽养殖业者要以低价将粪污及其制品出售成本，有机肥销售商的运输成本；二是要研制相关的粪污及其制品的施用机械，大大降低劳动强度；三是实现种植业者和养殖业者对接，构建双方利益分配机制，或者大力加强种养结合家庭农场建设。

（六）种养结合利用政策

在 20 世纪 70—80 年代，畜禽养殖所产生的粪污基本还田，不存在环境污染问题。但是随着畜禽规模化养殖业发展、化学肥料的大量施用以及粪污还田劳动强度大等原因，粪污还田比例呈下降趋势，畜禽粪污废弃比例不断上升，对环境的污染逐渐引起各方重视。2002 年《中华人民共和国农业法》及其以后修订版、2004 年《中华人民共和国固体废物污染环境防治法》及其以后修订版、2005 年《中华人民共和国畜牧法》、2008 年《中华人民共和国水污染防治法》及其修订版都强调粪污合理利用，但对粪污农田利用与否没有明确处罚措施。

2014 年，中央一号文件首次提出畜禽粪便资源化利用政策，农业农村部在 2015 年推出了《到 2020 年化肥使用量零增长行动方案》，《国务院办公厅关于加快推进畜禽养殖废弃物资源化利用的意见》（国办发〔2017〕48 号），提出全面推进畜禽养殖废弃物资源化利用，加快构建种养结合、农牧循环的可持续发展新格局，农业农村部 2017

年推出了《开展果菜茶有机肥替代化肥行动方案》，2018 年农业农村部办公厅印发了《畜禽粪污土地承载力测算技术指南》，具体说明了畜禽粪污土地承载力及规模养殖场配套土地面积的测算方法。《畜禽粪便还田技术规范》（GB/T 25246—2010）规定，畜禽粪便作为肥料使用，应对农产品产量、质量和周边环境没有危险；畜禽粪肥施于农田，其卫生学指标、重金属含量、施肥用量应符合标准要求。总之，畜禽粪污还田利用政策层面较为完备，为推进种养结合工作奠定了基础，2017 年及其以后每年的强农惠农补贴项目中都有有机肥替代化肥、粪污资源化利用等补贴，有力促进了畜禽粪污的利用。近年来，国家安排中央资金 247.8 亿元，支持整建制推进畜禽粪污资源化利用，引导和鼓励种养结合循环发展，畜禽粪污资源化利用能力得到巩固提高。截至 2019 年年底，全国畜禽粪污产生量 30.5 亿 t，畜禽粪污综合利用率达到 75%，畜禽规模养殖场粪污处理设施装备配套率均达到 93%，大型规模养殖场粪污处理设施装备配套率达到 96%。但是也应该看到存在粪污还田利用技术仍没有较大改善、补贴金额及范围有限等问题。

二、畜禽粪污还田利用潜力测算方法

畜禽养殖产生的废弃物中含有氮、磷等物质，是作物生长不可缺少的大量元素，同时，畜禽粪污的利用还有助于改良土壤，增加土壤有机质含量。种养结合、粪污还田是世界各国、地区普遍采用的一种经济、简便的粪污处理方式。但如果某一区域畜禽养殖数量大、粪污产生量超过农地承载能力的时候，就容易对环境造成二次污染，因此区域农地畜禽粪便承载量和适宜畜禽养殖数量研究受到广泛重视。

陈天宝等构建了基于 N 素循环的耕地畜禽承载能力评估模型，该模型将所有养殖畜禽按照活体重量折算为生猪头数（100 kg），并采用 0~1 的有机肥养分与无机肥养分投入比例进行了测算，但该模型没有涉及农田养分实际盈余情况，也没有考虑到作物带走量；Li 等构建区域畜禽承载量预测模型时设定作物所需养分仅来源于养殖粪便还田和土壤供应两个方面，没有考虑化肥提供的养分，也没有涉及到农田养分实际盈余情况，但我国化学肥料用量超过 6 000 多万 t（折纯），忽略化学养分施用是不现实的，也就是说，忽视化学养分投入，畜禽承载量预测模型是不全面的。《畜禽粪污土地承载力测算技术指南》构建的测算模型考虑到有机无机配施、作物养分需求量，但没有考虑到养分盈余。张怀志等构建了农田畜禽超载量预测模型，该模型考虑到有机无机配比、作物养分需求量，也考虑到养分盈余情况，但是采用的是实际养分盈余量，这在养分盈余量大的区域存在较大环境风险、资源浪费。另外，上述模型仅考虑了畜禽养殖粪污作为有机肥还田，忽略了秸秆还田所带入的养分量。

本研究根据生产实际情况，基于农田养分平衡理论，建立了畜禽承载力测算模型，该模型综合考虑允许存在适宜的养分盈余量、有机无机配施比例、作物养分需求量、秸秆还田带入的养分量等要素。

（一）农田养分投入产出计算

$$N_{\mathrm{In}} = N_{\mathrm{Fin}} + N_{\mathrm{Min}} + N_{\mathrm{AIn}} + N_{\mathrm{IIn}} + N_{\mathrm{NFIn}} + N_{\mathrm{Sin}} \qquad 2\text{-}1$$

$$N_{\mathrm{Out}} = C_{\mathrm{Out}} + N_{\mathrm{Lout}} \qquad 2\text{-}2$$

$$C_{\mathrm{Out}} = \sum C_i \times C_{ni}/10^3 \qquad 2\text{-}3$$

$$N_{\mathrm{Lout}} = N_{\mathrm{Fn}} \times (1-A) + N_{\mathrm{Mn}} \times (1-B) \qquad 2\text{-}4$$

式 2-1 至 2-4 中，N_{In} 为养分投入量，t/a；N_{Out} 为养分输出量，t/a；N_{Fin} 为化肥养分投入量，t/a；N_{min} 为有机肥养分投入量，t/a；N_{AIn} 为养分干湿沉降量，t/a；N_{IIn} 为灌溉水中养分量，t/a；N_{NFIn} 为生物固氮量，t/a；N_{SIn} 为种子所含养分量，t/a。C_{Out} 为作物吸收的养分量，t/a；C_i 为第 i 种作物经济产量，t/a；C_{ni} 为第 i 种作物单位经济产量所需要的养

分量，kg/t；N_{Lout} 为养分损失量，t/a；A、B 分别为化肥、有机肥中养分损失比例，无量纲。

N_{FIn} 采用 2015 年《全国农业统计年鉴》数据，化肥消费量中复合肥的 N、P_2O_5 和 K_2O 比例不同区域存在一定差异，包含磷酸二铵等二元复合肥，以及复混肥、冲施肥等三元肥料，西南地区 1∶1∶0.8，东北地区按 1∶2∶0.2，华北、西北地区按 1∶1.5∶0.4，长江中下游地区、西南和东南各省按 1 ∶ 1 ∶ 0.8 计算。

有机肥资源主要包括人畜粪尿、堆沤肥、秸秆、饼肥、绿肥。堆沤肥的主要成分是人畜粪尿和秸秆等农业废弃物，与人畜粪尿和秸秆有重复计算的情况，因此本研究不考虑堆沤肥及其养分。畜禽粪肥养分资源的计算有多种方法，鉴于本研究所用数据来源为统计数据，为便于进行时空比较，采用存栏数来进行计算粪尿以及氮磷养分资源产生量，即

$$N_{Amin}=\Sigma A_i \times MN_j \times 365/1\,000\,000$$

式中 N_{Amin} 为畜禽粪肥中养分资源含量，t/a；A_i 为第 i 种畜禽存栏数量，头（只）；MN_j 为畜禽每天排出的第 j 种养分含量，g/d；牲畜日排粪、尿量及养分含量因品种、年龄、体重、饲料、地区、季节等不同而有差异，另外取样方式和鲜样的含水量等影响也很大，故研究报道虽多，但是变异很大，本研究结合相关文献进行估算（表 2-1）。因为农村开展人居环境整治，推广水冲厕所，人粪尿资源现在用作有机肥的量较少，故不在计算。各种粪尿氮磷钾养分含量参照全国农业技术推广服务中心数据（表 2-1）。农作物秸秆的数量根据各种作物的经济产量和草谷比进行估算，氮磷钾养分含量参照李淑田等数据（表 2-2）；不同地区的种植体系和气候条件不同，决定了秸秆还田比例的差异，本研究主要考虑秸秆直接还田和堆沤还田比例，参照相关文献，东北地区按 15%、华北地区按 60%、长江中下游地区按 30%、西南地区按 30%、西北地区按 15%、东南地区参照西南地区还田比例 30%；具体秸秆还田所带入的养分量为：

$$N_{Smin}=\Sigma C_i \times GSR_i \times SN_j/1\ 000\ 000$$

式中 N_{Smin} 为秸秆还田带入养分量，t/a，GSR_i 为草谷比，无量纲；SN_j 为第 j 种养分含量，kg/t。饼肥既可用作饲料，也可以作为肥料直接使用，但近年直接用于肥料的比例逐渐降低，因此本文不考虑。虽然国家提倡种植绿肥，但总体上绿肥种植面积较小、产量较低，且不同地区绿肥翻压还田比例有一定差异，因此本文也不做考虑。

除化肥和有机肥外，大气干湿沉降、灌溉水、生物固氮以及作物种子也是农田养分的来源。豆科作物的生物固氮是农田氮素的主要来源，大豆和花生是种植面积较大的豆科作物，大豆的平均固氮量为每年 113.7 kg/hm^2，花生固氮量为每年 82.7 kg/hm^2，通过干湿沉降输入到农田的养分数量、旱地和水田的非共生固氮量、灌溉水带入量以及种子带入的养分数量因生产条件、测定数据的数量、结果差异等原因，本研究暂不考虑（表 2–3，表 2–4）。

表 2–3　各种作物单位经济产量所需吸收的氮磷数量（单位：kg/t）

作物名称	N	P_2O_5	备注
水稻	14.6	6.2	
小麦	24.6	8.5	
玉米	25.8	9.8	
其他谷物	24.3	11.7	高粱、谷子等平均
大豆	81.4	23	其他豆类也采用大豆数值
薯类	4.6	1	
花生	43.7	10	
油菜	43	27	
芝麻	62.4	26.8	
其他油料作物	51.9	10.9	花生、油菜、芝麻等平均
棉花	12.6	4.6	
麻类	35	9	
甘蔗	1.8	0.4	
甜菜	4.8	1.4	
烟草	38.5	12.1	
蔬菜	4.3	1.4	各类蔬菜平均
水果	3	1.4	各类园林水果平均

表 2-4　主要作物秸秆养分含量　　（单位：%）

作物名称	草 / 谷比	N	P_2O_5
水稻	0.9	0.826	0.273
小麦	1.1	0.617	0.163
玉米	1.2	0.869	0.305
其他谷物	1.6	1.051	0.309
大豆	1.6	1.633	0.389
薯类	0.5	0.310	0.073
花生	0.8	1.658	0.341
油菜	1.5	0.816	0.321
棉花	9.2	0.941	0.334
麻类	0.78	1.248	0.131
甘蔗	0.3	1.001	0.293
甜菜	0.18	1.001	0.293
烟草	1.6	1.295	0.346
蔬菜	0.1	2.372	0.642

农田养分的输出主要由两部分构成，即作物吸收的养分和养分损失。作物吸收的养分是指作物生育期吸收养分的总量，包括经济产量部分和秸秆部分吸收的养分，氮素养分损失主要包括挥发损失、地表径流损失、硝化—反硝化损失、淋溶损失等。鲁如坤等认为氮肥损失率为 40%，杨林章等指出，氮肥只有 50% 被作物吸收利用，其余大部分以挥发、淋洗、反硝化损失到环境中。陈新平等总结得出华北平原小麦—玉米轮作体系中氮肥的平均损失达 50.8%（包括氨挥发 22.1%、硝化—反硝化 3.3% 和淋洗损失 25.4%）。朱兆良汇总全国肥料氮去向（包括水田和旱地）得出氮素损失为 52%（包括淋洗、硝化—反硝化、氨挥发、径流）。残留在土壤中的氮素后效很低，邢光熹等研究指出，无论第一季施氮后，下季是否再施用氮肥，第一季施入的氮肥 2~3 季后效也只有 4.3%~7.5%。Ladha 等总结了约 80 个

不同地点和不同种植体系下用同位素 ^{15}N 氮肥进行的后效。试验结果表明，连续 5 季后效共计只有 6%。由此可以看出，农业系统中至少有 50% 的化肥氮损失到环境中，且主要在施用的当季损失。有机肥料氮素的损失研究较少，其损失率低于化肥氮，一般认为有 30% 左右，而有机肥的残留率较高，残留氮逐渐矿化，长期施用可以产生累积效应。因此，本研究把化肥的氮素损失率按 50% 计算，有机肥氮的损失率按照 30% 计算，即 A=0.5，B=0.3。

（二）畜禽粪污还田利用潜力计算

$$RN_{In}/RN_{Out} = \beta \qquad 2\text{-}5$$

$$RN_{Min} /（RN_{Min} + RN_{Fin}）= \alpha \qquad 2\text{-}6$$

$$RN_{In} = RN_{Fin} + RN_{Mn} + N_{AIn} + N_{IIn} + N_{NFIn} + N_{Sin} \qquad 2\text{-}7$$

$$RN_{Out} = RC_{Out} + RN_{Fn} \times 1-A) + RN_{Mn} \times （1-B） \qquad 2\text{-}8$$

式 2-5 至 2-8 中，RN_{In} 为区域允许投入总养分量，t/a；RN_{Out} 为区域养分损失量，t/a，考虑到一个区域的种植结构是经过多年所形成的，作物养分吸收量年际间变化较小，因此，此处 $RC_{Out} = C_{Out}$；β 为养分允许盈余系数，无量纲，鲁汝坤等认为，一般情况下下，农田氮素平衡盈余［养分平衡（%）=（养分投入 / 养分支出 -1）×100］超过 20% 的时候，即可能引起氮素对环境的潜在威胁，即 β 最大值为 1.2，如果当地氮素盈余少于 20%，可去当地实际盈余值；RN_{min} 为区域允许投入有机肥养分量，t/a，其计算项目、方法与 N_{min} 相同；RN_{Fin} 为区域允许投入化肥养分量，t/a；α 是无机有机肥的合理配施比例，无量纲。其他参数同上文，数值也与上文一致。

在养分总投入量一定的情况下，黄绍文等在天津、河北石家庄两地的 10 年定位试验表明，有机无机养分配比为 5：5 时蔬菜产量最高，且显著提高了土壤有机质含量，显著提高土壤团聚体微生物量碳氮含量，还提高土壤各粒级团聚体胞外酶活性，微生物多样性明显高于单施化肥模式。范业成等 8 年 16 茬试验研究表明，有机无机养分配比为 5 ： 5 时水稻产量最高，与不施肥处理比较，增产作用稳定持久；曹树钦等研究表明，有机无机养分配比为 5∶5 时，可以达到既培肥土壤又能使当季增产效果最好的双重目的；谭力彰等研究表明，猪粪氮替代 20% 的化肥氮时水稻产量高于单施化学氮肥处理；孟琳等研究表明，有机肥料氮的替代率在 10%~30% 的配施处理的稻谷产量高于单施化学氮肥处理；郑凤霞等研究表明，有机无机养分配比为 5∶5 时小麦产量高于单施化学氮肥处理，且氮挥发量低于单施化肥处理；刘红江等研究表明，在等氮量条件下，50% 有机肥替代化肥，在保证水稻高产的同时，显著增加水稻氮素累积量，并使水稻氮肥农学利用率、氮肥吸收利用率、氮肥偏生产力均得 到明显提高；朱宝国研究表明，有机无机养分配比为 5∶5 时候番茄产量最高。因此本研究 $\alpha=0.2-0.5$。

利用公式 2-5 至 2-8 计算出的 RN_{Mn} 值就是既能保证作物生长、培肥土壤，还能保护环境的畜禽粪污量限值，如果 $RN_{Min} \geqslant N_{Min}$，表示区域能够消纳粪污数量还可以增加，养殖数量还可以增加，可增加的粪污消纳量等于 $RN_{Mn}-N_{Min}$。据此可以换算成新增猪单位数；如果 $RN_{Min}<N_{Min}$，表示区域能够消纳粪污数量应该调减，养殖数量随之减少，调减的粪污消纳量等于 $N_{Min}-RN_{Min}$，据此可以换算成调减猪单位数。也可以计算出化肥养分调整量以减少化肥使用量，如果 $RN_{Fin} \geqslant N_{Fin}$，表示区域化肥养分用量还可以增加，可增加的化肥养分量等于 $RN_{Fin}-N_{Fin}$；如果 $RN_{Fin}<N_{Fin}$，表示区域化肥养分用量应该调减，调减的化肥养分用量等于 $N_{Fin}-RN_{Fin}$。

第三章　全国畜禽粪污还田利用区划与结果

一、相关农业区划分析

前文已经讲述种养结合区划首先与种植业、养殖业关系密切，其次畜禽粪污管理不当，受降水影响进入附近水系，不仅导致可循环利用的粪污损失，而且粪污中所含有的氮、磷、BOD 等将会污染地表水体，造成地表水体富营养化，也就是说降水、水系等对种养结合也有影响。

（一）全国种植业区划

种植业包括粮、棉、油、茶、糖、麻、烟、果、菜、药、杂等。随着我国经济发展变化，种植业已从 20 世纪 80 年代初的粮食生产为主的结构变成粮食为主，蔬菜、果等多业兴旺的格局，且区域化布局日趋明显。

1989 年，根据发展种植业的自然条件和社会经济条件的区内相似性、作物结构、布局和种植制度区内相似性、种植业发展方向和关键措施的相似性，保持一定行政区界的完整性的原则，我国种植业分为 10 个一级区和 31 个二级区（表 3–1）。

表 3–1　我国种植业分区

一级区名称	二级区名称
东北大豆春麦玉米甜菜区	1. 大小兴安岭区，2. 三江平原区，3. 松嫩平原区，4. 长白山区，5. 辽宁平原丘陵区，6. 黑吉西部区

（续表）

一级区名称	二级区名称
北部高原小杂粮甜菜区	1. 内蒙古北部区，2. 长城沿线区，3. 黄土高原区
黄淮海棉麦油烟果区	1. 燕山太行山山麓平原区，2. 冀鲁豫低洼平原区，3. 黄淮平原区，4. 山东丘陵区，5. 汾渭谷地豫西平原区
长江中下游稻麦油桑茶区	1. 长江下游平原区，2. 鄂豫皖丘陵山地区，3. 长江中游平原区
南方丘陵双季稻茶柑橘区	1. 江南丘陵区，2. 南岭山地丘陵区
华南双季稻热带作物甘蔗区	1. 闽粤桂中南部区，2. 云南南部区，3. 海南岛雷州半岛区，4. 台湾区
川陕盆地稻玉米薯类柑橘桑区	1. 秦岭大巴山地区，2. 四川盆地区
云贵高原稻玉米薯类柑橘桑区	1. 湘西黔东区，2. 黔西云南中部区
西北绿洲麦棉甜菜葡萄区	1. 蒙甘宁青北疆区，2. 南疆区
青藏高原青稞小麦油菜区	1. 藏东南川西区，2. 藏北青南区

对 2016 年的全国 2 855 个县（区）种植数据分析表明，按照各县（市）产量从高到低排序，统计产量之和占全国总产量 90%，各省（区、市）进入的县（市）数量及分布情况见表 3-2，在全国分布情况见图 3-1。811 个县（区）的水稻产量之和占全国水稻总产量 90%，占全国总县（区）数量的 28.4%，水稻种植主要分布在东北、长江中下游、华南和西南地区，北京、山西、西藏、甘肃和青海没有县（区）进入名单。560 个县（区）的小麦产量之和占全国小麦总产量 90%，占全国总县（区）数量的 19.6%，小麦种植分布较为集中，主要分布在华北、苏北皖北和西北内陆地区，北京、辽宁、吉林等 17 个省（区、市）的县（区）进入名单。960 个县（区）的玉米产量之和占到全国玉米总产量 90%，占全国总县（区）数量的 33.6%，玉米种植主要分布在东北、华北、苏北皖北、西北和西南地区，福建江西、广东等 7 个省（区、市）的县（区）进入名单；1 007 个县（区）的豆类产量占全国豆类总产量 90%，占全国总县（区）数量的 35.3%，全国各地均有豆类种植，北京和西藏没有县（区）进入名

单。1 001个县（区）的薯类产量之和占全国薯类总产量90%，占全国总县（区）数量的35.1%，统计的薯类包括甘薯、红薯等，各地种植种类不一样，总体上看，全国各地均有薯类种植，但北京、天津、上海和西藏没有县（区）进入名单。1 076个县（区）的油料产量之和占全国油料总产量90%，占全国总县（区）数量的37.7%，统计的油料作物包括花生、油菜等，各地种植种类不一样，总体上看，全国各地均有油料作物种植，但北京、天津、上海没有县（区）进入名单。187个县（区）的棉花产量占全国棉花总产量90%，占全国总县（区）数量的6.5%，棉花种植分布较为集中，主要分布在华北、长江中下游和西北内陆地区，辽宁、黑龙江等16个省（区、市）没有县（区）进入名单，即过去的北部特早熟棉区和华南棉区式微。101个县（区）的糖类产量之和占全国糖类总产量90%，占全国总县（区）数量的3.5%，统计的油料作物包括甘蔗、甜菜等，各地种植种类不一样，总体上看，全国各地糖类作物种植分布较为集中，主要分布在华南及西南地区，全国有23个省（区、市）的县（区）没有进入名单。288个县（区）的烟草产量之和占到全国烟草总产量90%，占全国总县（区）数量的10.1%，烟草种植主要分布在东北、华北、长江中下游、华南及西南地区，全国有12个省（区、市）的县（区）没有进入名单。1 246个县（区）的蔬菜作物产量之和占到全国蔬菜作物总产量90%，占全国总县（区）数量的43.6%，蔬菜作物种类很多，约有数百种之多，既有陆地生长、水生生长也有基质栽培，既有露地蔬菜也有设施蔬菜，总体上看，全国各地均有蔬菜作物种植，蔬菜种植县分布较为均匀，仅西藏没有县（区）进入名单。868个县（区）的水果产量之和占到全国水果总产量90%，占全国总县（区）数量的30.4%，统计的水果作物包括苹果、梨、柑橘、香蕉、葡萄等，各地种植种类存在一定差异，总体上看，全国各地均有水果种植，内蒙古、吉林和西藏没有县（区）进入名单。

表 3-2　2016 年作物产量累计达到全国总产量 90% 的县（市）分布情况

（单位：个）

省市名称	稻谷	小麦	玉米	豆类	薯类	油料	棉花	糖类	烟叶	蔬菜	水果
北京			2							5	4
天津	1	2	4	1			2			6	1
河北	4	92	120	27	96	63	32	1		73	102
山西		14	71	30	29	4	1			17	24
内蒙古	5	9	45	28	37	49		3	1	27	
辽宁	12		47	22	11	16			4	27	29
吉林	23		42	29	30	13			4	13	
黑龙江	43	1	72	74	17	9			5	16	3
上海	6			1						5	1
江苏	61	52	17	47	10	44	7			67	20
浙江	36			37	17	18	1			39	55
安徽	50	45	21	51	27	60	24		3	53	13
福建	30			18	32	9			21	36	35
江西	77			40	28	56	8		12	29	21
山东	4	105	108	40	38	70	30		8	88	63
河南	15	112	101	68	56	94	5		30	105	51
湖北	57	24	19	58	51	78	23		11	77	27
湖南	89		9	50	36	85	15		30	78	51
广东	64			19	65	52		9	3	71	67
广西	59		9	35	33	35		50	4	62	60
海南	11			1	7	5		4		13	12
重庆	26		25	31	31	31			9	31	21
四川	86	24	44	83	115	100	1		17	104	50
贵州	20		21	39	63	57		2	36	52	6
云南	19		62	93	61	30		32	83	52	27
西藏						2					
陕西	5	19	30	40	38	27	4		6	29	57
甘肃		19	36	33	46	34	2		1	38	30
青海			1	4	10	11				3	
宁夏	5		14	1	7	6				9	7
新疆	3	42	40	7	10	18	32			21	31
全国合计	811	560	960	1 007	1 001	1 076	187	101	288	1 246	868

（二）全国畜牧业区划

1989年，根据饲料资源、自然环境、饲养技术和社会需要等4个因素，我国畜牧业分为7个畜牧业区，即青藏高原区、蒙新高原区、黄土高原区、西南山地区、东北区、黄淮海区和东南区。青藏高原区包括西藏全部、青海省大部、四川和甘肃；蒙新高原区包括内蒙古全部、新疆全部、甘肃和河北一部；黄土高原区包括山西和宁夏全部、青海、甘肃、陕西、河南和河北省的一部；西南山地区包括云南贵州全部、四川、甘肃、陕西、湖北、湖南和广西的一部；东北区包括东北3个省全部；黄淮海区包括北京、天津、山东全部、河北大部、河南大部以及江苏、安徽一部；东南区包括上海、浙江、福建、台湾、广东、江西全部、广西、湖南、湖北、江苏、安徽大部和河南一部。

但是应该看到，随着我国加入WTO，饲料不仅来自于国内，也来自于世界其他国家，如美国的大豆；科技进步对畜牧业发展的贡献率超过50%，畜牧养殖模式也从小农户养殖、生产相对粗放模式为主进入到规模养殖为主，生产管理较为精细的集约化管理模式；由过去充分利用自然资源的草场放牧模式变为围栏饲养、以草定养等为主；随着人民生活水平提高，养殖品种也发生了一定变化。

对2016年的全国2 855个县（区）畜牧业数据分析表明，按照各县（市）畜牧业存栏量从高到低排序，统计存栏量之和占全国总存栏量量90%，各省（区、市）进入的县（市）数量及分布情况见表3-3，在全国分布情况见图3-2。1 235个县（区）的牛存栏量之和占到全国牛总存栏量90%，占全国总县（区）数量的43.3%，牛养殖在全国各地均有分布，西南、西北及华北地区进入的县（区）名单多，如四川和云南各有97个县（区）进入名单，上海、浙江两省市没有县（区）进入名单。1 336个县（区）的生猪存栏量之和占到全国生猪总存栏量90%，占全国总县（区）数量的46.8%，生猪养殖在全国各地均有分布，西南、华北地区进入县（区）名单的多，云南、河南、山东均有100个以上县（区）进入名单，西藏没有县（区）进入名单，宁夏仅有1县进入名单。1 043个县（区）的羊存栏量之和占到全国羊总存栏量90%，占全国总县（区）数量的36.5%，羊养殖在全国各地均有分布，31个省（区、市）均有县（区）进入名单，西南、西北及华北地区进入的县（区）名单多，河北有97个县（区）、内蒙古82县（区）、新疆77个县（区）进入名单；1 167个县（区）的家禽存栏量之和占到全国家禽总存栏量90%，占全国总县（区）数量的35.3%，家禽养殖主要分布在华北、华南、西南、长江中下游区域，山东、河南、河北均有110个以上县（区）进入名单，但吉林、西藏、青海和宁夏没有县（区）进入名单。

表3-3　2016年畜禽存栏量累计达到全国总出栏量90%的县（市）分布情况

（单位：个）

省市	牛	生猪	羊	家禽
北京	2	5	3	4
天津	3	5	3	5
河北	67	83	93	109
山西	21	14	70	29
内蒙古	65	13	82	9
辽宁	18	26	27	34
吉林	33	16	16	
黑龙江	55	45	42	38
上海		4	1	2
江苏	4	50	21	54
浙江		14	5	21
安徽	28	58	28	70
福建	8	27	2	12
江西	49	57	2	40
山东	53	102	73	116

（续表）

省市	牛	生猪	羊	家禽
河南	63	107	75	112
湖北	49	76	38	63
湖南	72	97	26	78
广东	28	58	1	62
广西	72	72	8	59
海南	11	14	1	8
重庆	15	31	9	29
四川	97	127	66	92
贵州	73	53	15	23
云南	97	110	74	57
西藏	58		43	
陕西	38	46	41	18
甘肃	55	18	56	3
青海	33	3	30	
宁夏	14	1	15	
新疆	54	4	77	20
全国合计	1 235	1 336	1 043	1 167

（三）全国降水量分布

水是万物之源，一方面，农牧业生产离不开水，另一方面，农牧业生产对水环境也存在负面影响，全国两次污染源调查结果都表明，畜禽养殖业是水污染物的重要来源。畜禽养殖废弃物污染水源的主要途径有两种，即点源污染和面源污染，点源污染有固定的排放点，如畜禽养殖场排污口，面源污染也叫非点源污染，没有固定的排放点，污染物主要通过地表径流方式进入地表水体。降水是形成地表径流的关键因子，因此一个区域降水量的大小可能导致粪污营养成分流失同时，对粪污的施用时间也有一定影响。

我国年降水量超过 1 600 mm 的地区，主要分布在东南沿海地区，包括广东、广西、海南、福建、台湾等地区；800 mm 等降水量线通过秦岭—淮河附近至青藏高原东南边缘，和我国 1 月的 0℃等温线大体是一致的，主要包括江苏、浙江、上海、安徽、江西、湖南、湖北、云南、四川、重庆、贵州、河南南部等地区；400 mm 等降水量线大致通过大兴安岭、张家口市、兰州市、拉萨市至喜马拉雅东缘，主要包括黑龙江、吉林、辽宁、河北、北京、天津、山东、山西、陕西、甘肃东部等地区；年降水量小于 200 mm 地区主要分布在西北内陆地区，主要包括新疆、内蒙古、宁夏、青海、甘肃及西藏部分地区。

河网密度为单位面积内自然与人工河道的总长度。畜禽粪污对水体污染还与区域河网密度有关，河网越密集，畜禽养殖场所距离河道就可能越近，污染水体的风险就增加，反之，污染水体的风险就减少。我国河网密度的分布大致情况为：A，秦岭—桐柏—大别山以南、武陵山—雪峰山以东地区，为中国河网密度最大的地区，除了湖南、江西两江流域部分地区外，河网密度都超过 0.5 km/km^2，区域降水和地表径流丰富；受人类活动的影响，地势低平的长江三角洲河网密度达到 6.4~6.7 km/km^2，其中，杭嘉湖平原达 12.7 km/km^2，苏中平原河网密度达到 48 km/km^2，是中国河网密度极高的地区；B，武陵山—雪峰山以西的外流区域，河网密度一般为 0.3~0.5 km/km^2，成都平原高达 1.2km/km^2，滇西南局部地区达到 1.0 km/km^2，次于 A 区域，黔西一带降水虽然丰富，但在岩溶地貌的影响下，河网密度只有 0.3~0.4 km/km^2，与东南地区相差比较大；C，秦岭—大别山以北的外流区域，冀北山地和太行山河网密度超过 0.3 km/km^2，鲁西、胶东、辽吉东部丘陵山地以及小兴安岭、大兴安岭河网密度都在 0.2km/km^2 以上，地势低平的松嫩平原、西辽河平原以及河北平原的河网密度一般都在 0.1 km./km^2 以下，甚至出现较大面积的无流区，成为突出的河网稀疏地区。而淮北平原虽降水、径流并不丰富，但受人类活动的影响，河网密度却超过了 1.0 km/km^2；D，中国广阔的内陆流域，河网密度都很小，一般都小于 0.1 km/km^2，并出现大片无流区，只有地势较高、山体较大的地区例外，如中国西北的阿尔泰山、天山、帕米尔高原一带降水径流都比较丰富，河网密度超过 0.5 km/km^2。此外，祁连山地和西昆仑山地河网密度也达到 0.3 km/km^2，在祁连山北麓的扇形地平原的局部地区达到 5 km/km^2。

二、全国畜禽粪污还田利用区划

（一）分区原则与方法

根据种植业发展布局与畜禽养殖业发展布局相似性，保持一定行政区界的完整性即保持区域连片性，环境保护与产业发展规划协调性、定量与定性兼用性、牧区县排除性（全国 120 个牧区县旗不在本书讨论范围）等原则，采用图形叠加方法进行种养结合区划。

（二）分区结果

根据上述确定原则和方法，粪污还田区划将全国分为 9 个区（图 3–1）。

（1）东北区　主要包括东北 3 个省（不含北方农牧交错带）。

（2）北方农牧交错带　主要包括黑龙江、吉林、内蒙古等省份的国家确定的半农半牧区。

（3）黄淮海区　主要包括北京、天津、河北、山东、河南全部，江苏北部和安徽北部。

（4）长江中下游平原及成都平原区　主要包括四川的湖北、上海全部、湖南北部、江西北部、浙北地区、苏中、苏南、安徽南部、四川成都平原。

（5）南方丘陵区　主要包括湖南南部、江西南部、浙江南部和福建全省，涉及浙闽丘陵、江南丘陵。

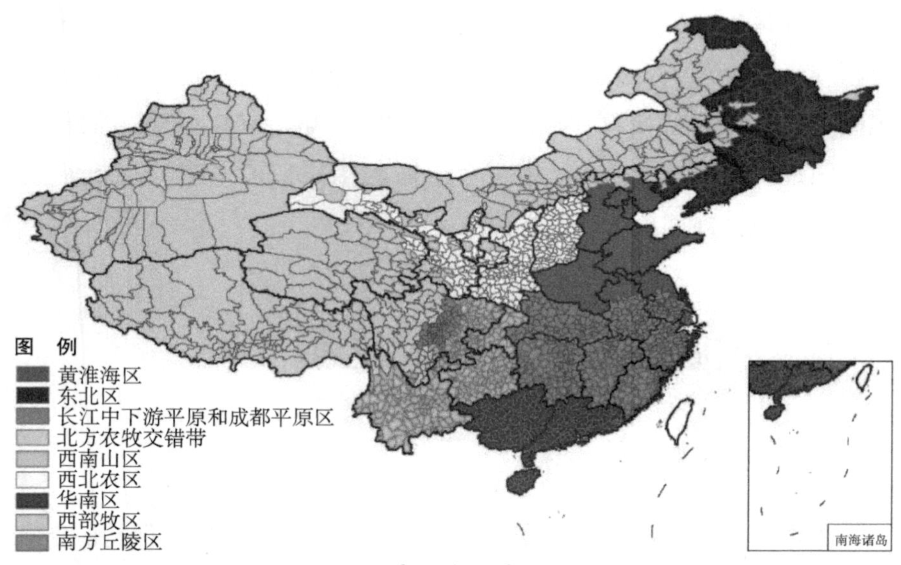

图 3-1 我国主要粪污还田区

（6）华南区　主要包括广西、广东、海南。

（7）西南山区　包括云南、贵州、重庆全部以及四川部分地区。

（8）藏新蒙区　主要包括新疆、西藏、青海、内蒙古全部（不含农牧交错带）以及甘肃、云南和四川藏区。

（9）西北区　主要包括陕西、宁夏、山西全部（不含农牧交错带）、甘肃部分地区，各区具体省县名单见附件 1。

按照 2016 年县城分级畜牧业和作物生产统计数据，统计了各分区的种植业和畜牧业的生产情况，全国粮食、豆类、薯类、油料、棉花、麻类、糖类、烟叶、中药材、蔬菜产量分别为 $67\ 332.3 \times 10^4$ t、$1\ 781.7 \times 10^4$ t、$4\ 747.8 \times 10^4$ t、$3\ 775.6 \times 10^4$ t、439.9×10^4 t、22.6×10^4 t、$15\ 203.3 \times 10^4$ t、393.2×10^4 t、810.6×10^4 t 和 $75\ 184.1 \times 10^4$ t；大牲畜存栏量为 $11\ 497.9 \times 10^4$ 头，生猪存栏量为 $52\ 864.0 \times 10^4$ t，羊存栏量为 $32\ 992.8 \times 10^4$ t，家禽存栏量为 $671\ 425.0 \times 10^4$，拥有规模化养殖场 266 223 家，其中，生猪 152 201 家，奶牛 5 286 家，肉牛 15 793 家，蛋鸡 38 592 家，肉鸡 36 465 家，羊 17 886 家，各分区的作物产量在全国占比、畜禽养殖量在全国占

比、畜禽规模化养殖等情况见表3-4、表3-5、表3-6。

表3-4　各区作物产量占全国比例情况　（单位：%）

作物名称	黄淮海区	东北区	长江中下游平原及成都平原区	北方农牧交错带	西南山区	西北区	华南区	藏新蒙区	南方丘陵区
粮食	33.5	14.1	14.9	5.8	10.3	6.1	5	3.5	6.8
稻谷	9.5	10.1	34	2.1	11.9	0.7	11.8	0.7	19.3
小麦	75.3	0.3	11	1.9	2.7	5.5	0	3.3	0.1
玉米	34	26.2	3	10.8	8.5	9.9	1.4	5.3	0.9
豆类	16.7	28.3	11.9	7.8	17.5	5.9	3	3.8	5.1
薯类	17.9	6.1	9	7.6	29.4	9.9	10.5	3.9	5.9
油料	32.5	2.6	22.7	3.9	15.2	4.4	5.2	7	6.5
棉花	27.5	0	15	10	0.2	1.3	0.1	44.3	1.5
麻类	12.5	21.5	21	0.6	27.2	1.9	7.5	1.6	6.3
糖类	0.2	0	0.8	1.5	31.3	0.1	62.9	2	1.2
烟叶	9.1	2.5	4.6	0.5	65.3	2.3	2	3.6	10.1
中药材	25.9	0.9	12.1	4.2	19	23.5	4.8	2.1	7.6
蔬菜	38.8	3.7	15.9	2.5	13.1	6.7	9.1	3.2	6.9
水果	26.3	3	10.6	0.9	7.9	15.2	22.1	3.3	10.8

表3-5　各区畜牧业存栏量占全国比例情况　（单位：%）

分区名称	大牲畜存栏	生猪存栏	羊存栏	家禽存栏
黄淮海区	10	24.5	24.3	34.8
东北区	16.7	6.4	4.6	5.6
长江中下游平原及成都平原区	9.8	18.7	9.7	23.8
北方农牧交错带	6.7	2.1	13.7	1.5
西南山区	19	20.3	10.8	10
西北区	14.6	5.3	15.9	3.4
华南区	4.9	10.6	1.5	11.3
藏新蒙区	10.1	1.8	17.4	1.6
南方丘陵区	8.2	10.2	2.1	7.9

表 3-6　各区畜牧业规模化养殖场个数及比例　（单位：个，%）

分区名称	生猪	比例	奶牛	比例	肉牛	比例	蛋鸡	比例	肉鸡	比例	羊	比例
黄淮海区	44 854	41.5	2 223	44.6	3 762	16.3	14 802	37.2	15 410	37.5	4 357	10.9
东北区	5 786	30.0	486	20.4	1 659	5.0	3 353	25.3	4 850	25.2	717	3.6
长江中下游平原及成都平原区	32 309	42.6	208	16.8	1878	8.2	11 148	40.4	7 659	24.2	2 938	13.5
北方农牧交错带	1 594	48.0	371	42.4	862	11.6	692	22.7	686	21	1 439	8.5
西南山区	18 607	23.9	121	10.7	3 416	6.7	3 342	42	2 929	9.1	1 409	2.1
西北区	7 737	42.6	917	23.5	2 117	15.2	2 980	39.9	1 093	21.1	5 212	11.2
华南区	19 518	41.2	81	15.6	258	3.8	441	31.2	1 940	13.4	276	5.3
藏新蒙区	1624	34.4	568	18.1	804	9.1	415	23.8	91	5.6	908	5.3
南方丘陵区	19 845	61.4	62	6.8	481	5.8	1 366	40.3	1793	11.4	296	8.3
全国合计	152 201	39.1	5 286	22.5	15 793	9.6	38 592	34.5	36 465	20.2	17 886	8.1

1. 黄淮海区

该区域涉及 555 个县级行政单位，是我国重要的粮棉油产区和蔬菜产区，其小麦、玉米、油料、蔬菜和水果总产量在全国占比均处于第一，分占全国总产量的 75.3%、34%、32.5%、38.8% 和 26.3%，棉花产量仅次于西部牧区，占第二，产量占全国总产量 27.5%。2016 年，全国粮食产量最高的 205 个县（市）中，该区域拥有 89 个县（区）；蔬菜产量最高的 120 个县（市）中（蔬菜产量超过 100 万 t），该区域拥有 77 个县（区）。该区域还是全国中药材的重要种植区域，产量占全国总产量的25.9%，位居各区第一。黄淮海地区养殖主要畜种为生猪、奶牛和蛋/肉鸡，其中，生猪存栏量占全国总存栏量的24%，蛋鸡存栏量占全国存栏量的40.2%，肉鸡存栏量占全国存栏量的27.1%，规模均为全国最大；羊存栏量占全国存栏量的16.5%，规模位列各区第二。

该区域主要清粪工艺为干清粪，存在少量水泡粪工艺；粪便处理以堆沤工艺和第三方处理为主。粪便堆沤时间60~180 d；粪水处理以贮存处理和厌氧发酵工艺为主，粪水存储时间10~180 d，或者根据当地作物用肥时间还田；存在少数异位发酵床技术、全量贮存技术和高床发酵处理技术。粪肥分固体粪肥和液体粪肥施用，其中，固体粪便主要施用方式为简易堆沤后就近还田。液体粪水主要施用方式为贮存后还田利用，部分养殖场经厌氧发酵后将沼液还田利用，液体粪肥输送方式为罐车与管网并存，施肥方式以大田畦灌为主，蔬菜等作物上采用喷洒施肥。区域典型的粪肥施用模式为“粪便堆沤还田—粪水贮存还田/厌氧发酵沼液还田”。

2. 东北区

该区域涉及271个县级行政单位（根据2016年统计数据确定，下同），是我国重要的粮食产区，2016年，全国粮食产量最高的205个县（市）中（粮食总产超过70万t），该区域拥有42个县（区）。其豆类产量占全国总产量28.3%，位居各区第一；玉米和麻类在全国占比均处于各区第二，分占全国总产量26.2%和21.5%、稻谷产量占全国总产量10.1%。东北区养殖主要畜种为生猪、奶牛、肉牛和蛋/肉鸡，其中，生猪、蛋鸡、肉鸡和大牲畜（肉牛）养殖规模较大。

东北区主要清粪工艺为干清粪，粪便和粪水收集后分别处理；粪便处理方面以堆沤工艺和第三方处理为主。粪便堆沤时间40~180 d。粪水处理以贮存处理为主，存储时间180 d。粪肥分固体粪肥和液体粪肥施用，其中，固体粪便主要施用方式为简易堆沤后就近还田。液体粪水主要施用方式为贮存后还田利用，液体粪肥输送以罐车运输为主，施肥方式以大田畦灌和喷灌为主。区域典型的粪肥施用模式为“粪便堆沤 / 委托第三方企业加工成有机肥—粪水贮存还田”。

3. 长江中下游及成都平原区

该区域涉及 428 个县级行政单位，是粮油重要产区和麻类、蔬菜产区，2016 年，全国粮食产量最高的 205 个县（市）中，该区域拥有 25 个县（区）；蔬菜产量最高的 120 个县（市）中（蔬菜产量超过 100 万 t），该区域拥有 11 个县（区）。其水稻产量占全国总产量 34%，位居各区第一；油料、蔬菜、小麦产量在全国占比均位居各区第二，分别占全国总产量的 22.7%、15.9% 和 11%；麻类和棉花产量在全国占比均位居各区第三，分别占全国总产量的 21.0%、15.0%。长江中下游平原区及成都平原区养殖主要畜种为生猪、蛋鸡和肉鸡等，其中，蛋鸡养殖占位居全国第二。

该区域主要清粪工艺为干清粪，粪便处理以堆沤工艺和第三方处理为主，粪便堆沤时间 7~90 d。粪水处理以厌氧发酵工艺为主，发酵存储时间 10~90 d。粪肥分固体粪肥和液体粪肥施用，其中，固体粪便主要施用方式为简易堆沤后就近还田，液体粪水主要施用方式为厌氧发酵后还田利用，液体粪肥输送方式为罐车与管网并存；施肥方式有畦灌、喷灌和滴灌等，大田主要施肥方式为畦灌，果树等作物上采用淋灌。区域典型的粪肥施用模式为“粪便堆沤还田—粪水厌氧发酵后还田”。

4. 北方农牧交错带

该区域涉及 82 个县级行政单位，受地理位置限制导致面积较小，但 2016 年全国粮食产量最高的 205 个县（市）中，该区域仍拥有 8 个县（区）；玉米产量在全国占比位居各区第三，但也仅占全国总产量的 10.8%；棉花产量占全国总产量 10%，其他作物产量在全国占比均较低。北方农牧交错带养殖主要畜种为羊和奶牛，其中，羊养殖规模较大。

北方农牧交错带主要清粪工艺为干清粪，固体粪便和液体粪水收集后分别处理。粪便处理以堆沤工艺和第三方处理为主，粪便堆沤时间 40~180 d；粪水处理以贮存处理为主，存储时间 180 d。粪肥分固体粪肥和液体粪肥施用，其中，固体粪便主要施用方式为简易堆沤后就近还田；液体粪水主要施用方式为贮存后还田利用，液体粪肥输送以罐车运输为主，施肥方式以大田畦灌为主。区域典型的粪肥施用模式为“粪便堆沤—粪水贮存还田”。

5. 西南山区

西南山区涉及 329 个县级行政单位，种植业在全国占有重要地位，2016 年，全国粮食产量最高的 206 个县（市）中，该区域拥有 3 个县（区）；蔬菜产量最高的 120 个县（市）中（蔬菜产量超过 100 万 t)，该区域拥有 11 个县（区）；除小麦、棉花在全国种植中份额较低以外，其他作物产量占比均较高，烟草产量占全国总产量 65.3%，麻类占全国总产量的 27.2%，薯类产量占全国总产量 29.4%，均位居各区第一；糖类产量占全国总产量的 31.3%，豆类产量占全国总产量的 17.5%，均位居各区第二；中药材、油料和蔬菜产量分别占全国总产量的 19%、15.2% 和 13.1%，皆位列各区第三。西南山区养殖主要畜种为生猪、肉牛和肉鸡等，其中，生猪养殖规模位列全国第二。

该区域主要清粪工艺为干清粪，粪便处理以堆沤工艺为主，粪便堆沤时间 7~90 d。粪水处理以厌氧发酵工艺为主，发酵存储时间 40~180 d。粪肥分固体粪肥和液体粪肥施用，其中，固体粪便主要施用方式为简易堆沤后就近还田，液体粪水主要施用方式为厌氧发酵后还田利用，液体粪肥输送方式为罐车与管网并存；施肥方式有畦灌、喷灌等，以大田畦灌为主。区域典型的粪肥施用模式为“粪便堆沤还田—粪水厌氧发酵后还田”。

6. 西北区

西北区涉及 321 个县级行政单位，在全国作物种植中所占份额较低，2016 年，全国粮食产量最高的 400 个县（市）中，该区域也没有县（区）进入；但中药材种植在全国占比较大，其总产量占全国总产量的 23.5%，位列各区第二；水果产量占全国 15.2%，位居全国第三。西北区养殖主要畜种为奶牛、肉羊、蛋鸡和肉牛等，其中，肉羊和奶牛养殖规模较大。

该区域主要清粪工艺为干清粪，以堆沤工艺和第三方处理为主，粪便堆沤时间 40~180 d。粪水处理以贮存处理为主，存储时间 30~180 d。粪肥分固体粪肥和液体粪肥施用，其中，固体粪便主要施用方式为简易堆沤后就近还田，液体粪水主要施用方式为贮存后还田利用，液体粪肥输送方式为罐车与管网并存；施肥方式有畦灌、喷灌等，以大田畦灌为主。区域典型的粪肥施用模式为“粪便堆沤还田—粪水贮存还田”。

7. 华南区

华南区涉及 239 个县级行政单位，降水量较大，2016 年，全国粮食产量最高的 205 个县（市）中，该区域没有县（区）进入；是我国重要的糖料作物种植区，其糖类产量占全国总产量的 62.9%，位居各区第一；水果产量占全国 22.1%，位居全国第二；其稻谷和薯类产量分站全国总产量的 11.8% 和 10.5%，均位居各区第三。华南区养殖主要畜种为生猪、肉鸡和肉牛等，其中，蛋鸡养殖规模位列全国第二。

该区域主要清粪工艺为干清粪，以堆沤工艺为主，粪便堆沤时间 10~30 d。粪水处理以厌氧发酵工艺为主，发酵存储时间 10~30 d。粪肥分固体粪肥和液体粪肥施用，其中固体粪便主要施用方式为简易堆沤后就近还田，液体粪水主要施用方式为厌氧发酵后还田利用，液体粪肥输送方式为罐车与管网并存；施肥方式有畦灌、喷灌等，以大田畦灌为主。区域典型的粪肥施用模式为“粪便堆沤—粪水厌氧发酵 / 异位发酵床处理后还田”。

8. 藏新蒙区

藏新蒙区涉及215个县级行政单位，降水量较少，2016年，全国粮食产量最高的206个县（市）中，该区域仍拥有5个县（区）；是我国棉花主产区，其产量占全国总产量的44.3%，位居各区第一，其他作物产量在全国占比均较低。西部牧区养殖主要畜种为奶牛、羊和肉牛等，其中，奶牛和羊养殖规模较大，奶牛养殖数量位居全国第二。

该区域主要清粪工艺为干清粪，粪便处理以堆沤工艺为主，粪便堆沤时间30~180 d。粪水处理以贮存工艺为主，存储时间60~180 d。粪肥分固体粪肥和液体粪肥施用，其中，固体粪便主要施用方式为简易堆沤后就近还田，液体粪水主要施用方式为贮存后还田利用，液体粪肥输送方式为罐车与管网并存；施肥方式主要为喷灌。区域典型的粪肥施用模式为“粪便堆沤还田—粪水贮存还田”。

9. 南方丘陵区

该区域涉及272个县级行政单位，是稻谷重要种植区，水稻产量在全国占比仅低于长江中下游和成都平原区，位居第二，占全国总产量的19.3%。该区域烟草产量占比仅低于西南农区，位居第二，占全国总产量的10.1%。2016年，全国粮食产量最高的205个县（市）中，该区域仍拥有4个县（区）；南方丘陵区养殖主要畜种为生猪、肉牛和蛋鸡等，其中，肉鸡养殖占全国10.2%。

该区域主要清粪工艺为干清粪，粪便处理以堆沤工艺为主，粪便堆沤时间30 d以上。粪水处理以厌氧发酵工艺为主，发酵存储时间30 d。粪肥分固体粪肥和液体粪肥施用，其中固体粪便主要施用方式为简易堆沤后就近还田，液体粪水主要施用方式为厌氧发酵后还田利用，液体粪肥输送方式为罐车与管网并存；施肥方式有畦灌、喷灌和滴灌等，大田主要施肥方式为畦灌，果树等作物上采用淋灌。区域典型的粪肥施用模式为“粪便堆沤还田—粪水厌氧发酵后还田”。

三、各区粪污还田潜力分析及建议

（一）各区域粪污还田潜力分析

按照 2016 年分县畜牧业和作物生产统计数据，利用公式 2-1 至 2-4 计算出了全国不同区域氮养分投入与输出情况（表 3-7）。全国有机肥资源氮养分量为 1 768.2 × 10^4 t，畜禽粪尿可提供氮养分量为 1 495.3 × 10^4 t，秸秆还田可提供氮养分量为 273.0 × 10^4 t，全国化肥氮养分投入量为 4 085.8 × 10^4 t，单位耕地面积承载的粪尿氮平均为 127.7 kg N/hm^2、承载的化肥氮平均为 348.8 kg N/hm^2，有机肥氮投入量占总养分投入量平均为 30%，氮养分平衡为 27.7%，超过允许的 20%，即全国氮投入过量，导致环境风险存在。

表 3-7　全国各分区 2016 年不同源氮投入及输出量（单位：万 t）

区域名称	化肥 N 投入量	粪尿 N 产生量	秸秆还田 N 带入量	生物固氮量	N 总投入量	作物 N 吸收量	N 总输出量
黄淮海区	1 091.9	334.2	102.7	34.5	1 563.3	761.4	1 406.4
东北区	355.5	101.8	15.5	34.5	507.2	280.6	464.5
长江中下游平原及成都平原区	684.2	220.3	36.1	13.4	954	283.6	691.8
北方农牧交错带	178.9	60.6	15.1	10.3	264.8	110	219.3
西南山区	508.9	245.7	30.8	19.7	805.1	235.7	563.8
西北区	375.3	102.4	16.1	7.8	501.6	141	358.5
华南区	318.7	123.6	19.6	8.3	470.1	158.4	332.8
藏新蒙区	377.3	87.3	14.3	4.3	483.1	113.2	297.5
南方丘陵区	379.2	116.9	15.4	9.5	521	121.1	346.3
全国合计	4 269.8	1 392.7	265.6	142.1	6 070.2	2 204.9	4 680.9

本文分别设定 α =0.5、0.4、0.3 和 0.2，也就是在等氮条件下，有机肥氮投入量分别替代化肥氮 50%、40%、30% 和 20%，利用公

式 2-5 至公式 2-8 计算出了全国不同区域有机肥氮需求量（表 3-8）以及相应的化肥氮需求量（表 3-9）。鉴于目前强调畜禽粪尿还田，忽略了秸秆还田带入的有机肥源氮，本文另设定了秸秆还田和非秸秆还田两种情况。

表 3-8　全国各分区 2016 年粪尿氮需求量

区域名称	α=0.5		α=0.4		α=0.3		α=0.2	
	忽略秸秆还田	秸秆还田	忽略秸秆还田	秸秆还田	忽略秸秆还田	秸秆还田	忽略秸秆还田	秸秆还田
黄淮海区	844	741.3	707.8	605.2	557.9	455.2	391.8	289.2
东北区	262.5	247	220.1	204.7	173.5	158	121.9	106.4
长江中下游平原及成都平原区	314.3	278.2	263.6	227.5	207.8	171.6	145.9	109.8
北方农牧交错带	119.1	103.9	99.9	84.7	78.7	63.6	55.3	40.1
西南山区	253	222.2	212.2	181.4	167.3	136.4	117.5	86.7
西北区	154.1	138.1	129.3	113.2	101.9	85.8	71.6	55.5
华南区	149.3	129.8	125.2	105.7	98.7	79.1	69.3	49.8
藏新蒙区	91.4	77.1	76.6	62.4	60.4	46.1	42.4	28.2
南方丘陵区	131.2	115.8	110.1	94.6	86.7	71.3	60.9	45.5
全国合计	2 318.9	2053.3	1 944.9	1 679.3	1 532.8	1 267.3	1 076.6	811.1

表 3-9　全国各分区 2016 年化肥氮需求量和变化量（单位：万 t）

区域名称	化肥氮需求量				化肥氮调整量			
	α=0.5	α=0.4	α=0.3	α=0.2	α=0.5	α=0.4	α=0.3	α=0.2
黄淮海区	844	1 061.8	1 301.7	1 567.4	−247.9	−30.1	209.8	475.5
东北区	262.5	330.2	404.8	487.4	−93	−25.3	49.3	132
长江中下游平原及成都平原区	314.3	395.5	484.8	583.8	−369.8	−288.7	−199.3	−100.4
北方农牧交错带	119.1	149.8	183.6	221.1	−59.8	−29.1	4.8	42.3
西南山区	253	318.3	390.3	469.9	−255.9	−190.6	−118.6	−39
西北区	154.1	193.9	237.7	286.2	−221.2	−181.4	−137.6	−89.1

（续表）

区域名称	化肥氮需求量				化肥氮调整量			
	α=0.5	α=0.4	α=0.3	α=0.2	α=0.5	α=0.4	α=0.3	α=0.2
华南区	149.3	187.9	230.3	277.3	−169.3	−130.8	−88.3	−41.3
藏新蒙区	91.4	114.9	140.9	169.7	−285.9	−262.3	−236.4	−207.6
南方丘陵区	131.2	165.1	202.4	243.7	−248	−214.1	−176.8	−135.5
全国合计	2 318.9	2 917.3	3576.6	4 306.5	−247.9	−30.1	209.8	475.5

注：①化肥氮调整量 =2016 年化肥氮实际用量 – 化肥氮需求量；②“–”表示化肥氮投入量较少，否则增加。

欧盟规定在硝酸盐敏感地区的有机肥施用标准是不超过 175 kg N/m^2，英国洛桑试验站的有机肥施用标准是不超过 276 kg N/m^2。2016 年，各区域每公顷耕地面积承载畜禽粪尿氮养分量从高到低的顺序为：以西南山区 212.7 kg N/hm^2，华南区 163.8 kg N/hm^2，长江中下游及成都平原区 158.8 kg N/hm^2，南方丘陵区 133.8 kg N/hm^2，西部牧区 132.4 kg N/hm^2，黄淮海区 129.7 kg N/hm^2，西北农区 88 kg N/hm^2，北方农牧交错带 64.7 kg N/hm^2，东北区 61 kg N/hm^2，可见，除西南山区外，各区域每公顷耕地面积承载畜禽粪尿氮都低于欧盟标准。

表 3–7、表 3–8 数据显示，在等氮条件下，有机肥氮投入量替代化肥氮 50%、40% 和 30% 时，测算的粪尿氮需求量均高于或者相当于 2016 年粪尿氮产生量（1 392.7 × 10^4 t），只有有机肥氮投入量替代化肥氮 20% 时，测算的粪尿氮需求量才小于 2016 年粪尿氮产生量，这意味着粪尿有机肥还田潜力还存在较大空间。表 3–7、表 3–9 数据还表明，在等氮条件下，有机肥氮投入量替代化肥氮 50%、40%、30% 时，测算的化肥氮用量均低于 2016 年化肥氮实际用量（4 269.8 × 10^4 t），只有有机肥氮替代 20%，测算的化肥氮用量均低于 2016 年化肥氮实际用量，也就是说，合理施用有机肥，适当提高粪尿有机肥替代化肥比例，可以有效降低化肥氮养分用量。在等氮条件下，有机肥氮投入量替代化肥氮不同比例，秸秆还田及秸秆不还田

情况下各个区畜禽养殖数量有所变化（表 3-10）。

表 3-10　国各分区 2016 年畜禽养殖调整量（单位：万头）

区域名称	α=0.5		α=0.4		α=0.3		α=0.2	
	忽略秸秆还田	秸秆还田	忽略秸秆还田	秸秆还田	忽略秸秆还田	秸秆还田	忽略秸秆还田	秸秆还田
黄淮海区	44 555.9	35 581.7	32 657.2	23 682.9	19 548.4	10 574.1	5 035.1	（3 939.2）
东北区	14 048.4	12 694.9	10 347.9	8 994.5	6 271.2	4 917.8	1 757.7	404.3
长江中下游平原及成都平原区	8 215.9	5 056.9	3 784.3	625.3	−1 098.1	−4 257.1	−6 503.5	−9 662.5
北方农牧交错带	5 115.1	3 791.7	3 436.4	2 113.0	1 586.9	263.6	−460.6	−1 784.0
西南山区	639.8	−2 054.0	−2 927.4	−5 621.2	−6 857.4	−9 551.2	−11 208.4	−13 902.2
西北区	4 519.5	3 114.1	2 346.5	941.1	−47.5	−1 452.9	−2 698.0	−4 103.4
华南区	2 253.1	542.5	147.7	−1 562.8	−2 171.8	−3 882.3	−4 739.8	−6 450.3
藏新蒙区	357.9	−888.2	−930.1	−2 176.2	−2 349.1	−3 595.2	−3 920.1	−5 166.2
南方丘陵区	1 256.0	−91.7	−594.2	−1 941.9	−2 632.5	−3 980.2	−4 889.2	−6 236.9
全国合计	80 961.5	57 748.0	48 268.2	25 054.7	12 250.2	−10 963.3	−27 626.9	−50 840.4

注：①畜禽养殖调整量 =2016 年实际畜禽养殖量 − 测算的畜禽养殖量；②“−”表示畜禽养殖量较少，否则增加。

在等氮条件下，有机肥氮投入量替代化肥氮 50%，与表 3-7 中粪尿氮实际产生量比较，可以看出，在忽略秸秆还田带入的氮养分情况下，9 个区的现有粪尿资源氮产生量小于测算的种植业生产粪尿氮需求用量，可适当增加养殖规模，测算结果表明，黄淮海区可增加粪尿氮 509.7 × 10^4 t，折合新增 44 555.9 万头猪单位，东北区可增加粪尿氮 160.7 × 10^4 t，折合新增 14 048.4 万头猪单位，长江中下游平原及成都平原区可增加粪尿氮 94.0 万 t，折合新增 8 215.9 万头猪单位，北方农牧交错带可增加粪尿氮 58.5 × 10^4 t，折合新增 5 115.1 万头猪单位，华南区可增加粪尿氮 25.8 × 10^4 t，折合新增 2 253.1 万头猪单位，西北农区可增加粪尿氮 51.7 × 10^4 t，折合新增 4 519.5 万头猪单位，南方丘陵区可增加粪尿氮 14.4 × 10^4 t，折合新增 1 256.0 万头猪单位，西南山区可增加粪尿氮 7.3 × 10^4 t，折合新增 639.8 万头猪单位，西部牧区可增加粪尿氮 4.1 × 10^4 t，折合新增 639.8 万头猪单位。在考虑秸秆还田带入的氮养分情况下，西南山区、西部牧区、南方丘陵区 3 个区域的现有粪尿资源氮产生量分别较测算的区域种植业生产粪尿氮需求量高 23.5 × 10^4 t、10.2 × 10^4 t 和 1.0 × 10^4 t，即这 3 个区域畜禽养殖规模可以适当缩小，消减数量分别为 2 054 万、888.2 万和 91.7 万头猪单位；而其他 6 个区，现有粪尿资源氮产生量小于测算的种植业生产粪尿氮需求用量，可适当增加养殖规模，测算结果表明，黄淮海区可增加粪尿氮 407.1 × 10^4 t，折合新增 35 581.7 万头猪单位，东北区可增加粪尿氮 145.2 × 10^4 t，折合新增 12 694.9 万头猪单位，长江中下游平原及成都平原区可增加粪尿氮 57.9 × 10^4 t，折合新增 5 056.9 万头猪单位，北方农牧交错带可增加粪尿氮 43.4 × 10^4 t，折合新增 3 791.7 万头猪单位，西北农区可增加粪尿氮 35.6 × 10^4 t，折合新增 3 114.1 万头猪单位，华南区可增加粪尿氮 6.2 × 10^4 t，折合新增 542.5 万头猪单位。两种设定情况下，化肥氮用量是一致的，测算表明，9 个区域的化肥氮用量可以进一步消减，可减少量从高到低依次为：长江中下游平原及成都平原区 369.8 × 10^4 t，西部牧区 285.9 × 10^4 t，西南山区 255.9 × 10^4 t，南方丘陵区 248 × 10^4 t，黄淮海区 247.9 × 10^4 t，西北农区 221.2 × 10^4 t，华南区 169.3 × 10^4 t，东北区 93.0 × 10^4 t，北方农牧交错带 59.8 × 10^4 t，。

在等氮条件下，有机肥氮投入量替代化肥氮 40%，与表 3-7 中粪尿氮实际产生量比较，可以看出，在忽略秸秆还田带入的氮养分情况下，西部牧区、西南山区和南方丘陵区的现有粪尿资源氮产生量分别较测算的区域种植业生产粪尿氮需求量高 33.5 × 10^4 t、10.6 × 10^4 t 和 6.8 × 10^4 t，即这 3 个区域可适当消减畜禽养殖规模，消减规模分别为 2 927.4 万、930.1 万、594.2 万头猪单位；而其他 5 个区，现有粪尿资源氮产生量小于测算的种植业生产粪尿氮需求用量，可适当增加养殖规模，测算结果表明，黄淮海区可增加粪尿氮 373.6 万 t，折合新增 32 657.2 万头猪单位，东北区可增加粪尿氮 118.4 万 t，折合新增 10 347.9 万头猪单位，长江中下游平原及成都平原区可增加粪尿氮 43.3 万 t，折合新增 3 784.3 万头猪单位，北方农牧交错带可增加粪尿氮 39.3 万 t，折合新增 3 436.4 万头猪单位，西北农区可增加粪尿氮 26.8 万 t，折合新增 2 346.5 万头猪单位，华南区可增加粪尿氮 1.7 万 t，折合新增 147.7 万头猪单位。在考虑秸秆还田带入的氮养分情况下，西部牧区、西南山区、南方丘陵区和华南区的现有粪尿资源氮产生量分别较测算的区域种植业生产粪尿氮需求量高 64.3×10^4 t、24.9×10^4 t、22.2×10^4 t 和 17.9×10^4 t，即这 4 个区域畜禽养殖规模可以缩小，消减规模分别为 5 621.2 万、2 176.2 万、1 941.9 万和 1 562.8 万头猪单位；而其他 5 个区，现有粪尿资源氮产生量小于测算的种植业生产粪尿氮需求用量，可适当增加养殖规模，测算结果表明，黄淮海区可增加粪尿氮 270.9 万 t，折合新增 23 682.9 万头猪单位，东北区可增加粪尿氮 102.9 万 t，折合新增 8 994.5 万头猪单位，北方农牧交错带可增加粪尿氮 24.2 万 t，折合新增 2 113 万头猪单位，西北农区可增加粪尿氮 10.8 万 t，折合新增 941.1 万头猪单位，长江中下游及成都平原区可增加粪尿氮 7.2 万 t，折合新增 625.3 万头猪单位。两种设定情况下，化肥氮用量是一致的，测算表明，9 个区的化肥氮用量可以进一步消减，可减少量从高到低依次为：长江中下游及成都平原区 288.7×10^4 t，西部牧区 262.3×10^4 t，南方丘陵区 214.1×10^4 t，西南山区 190.6×10^4 t，西北农区 181.4×10^4 t，华南区 130.8×10^4 t，黄淮海区 30.1×10^4 t，北方农牧交错带 29.1×10^4 t，东北区 25.3×10^4 t。

在等氮条件下，有机肥氮投入量替代化肥氮 30%，与表 3-7 中粪尿氮实际产生量比较，可以看出，在忽略秸秆还田带入的氮养分情况下，西南山区、南方丘陵区、西部牧区、华南区、长江中下游平原及成都平原区和西北农区等 6 个区域的现有粪尿资源氮产生量分别较测算的种植业生产粪尿氮需求量高 78.5×10^4 t、30.1×10^4 t、26.9×10^4 t、24.8×10^4 t、12.6×10^4 t 和 0.5×10^4 t，即这 6 个区域可适当消减畜禽养殖规模，可消减数量分别为 6 857.4 万、5 416.2 万、2 632.5 万、2 349.1 万、1 098.1 万和 47.5 万头猪单位；而其他 3 个区，现有粪尿资源氮产生量小于测算的种植业生产粪尿氮需求用量，可适当增加养殖规模，测算结果表明，黄淮海区可增加粪尿氮 223.6×10^4 t，折合新增 19 548.4 万头猪单位，东北区可增加粪尿氮 71.7×10^4 t，折合新增 6 271.2 万头猪单位，北方农牧交错带可增加粪尿氮 18.2×10^4 t，折合新增 1 586.9 万头猪单位，北方农牧交错带可增加粪尿氮 16.9 万 t，折合新增 1 478 万头猪单位。在考虑秸秆还田带入的氮养分情况下，西南山区、南方丘陵区、西部牧区、华南区、长江中下游平原及成都平原区和西北农区等 6 个区域的现有粪尿资源氮产生量分别较测算的种植业生产粪尿氮需求量高 109.3×10^4 t、45.5×10^4 t、41.1×10^4 t、44.4×10^4 t、48.7×10^4 t 和 16.6×10^4 t，即这 6 个区域可适当消减畜禽养殖规模，可消减数量分别为 9 551.2 万、3 980.2 万、3 595.2 万、3 882.3 万、4 257.1 万和 1 452.9 万头猪单位；而其他 3 个区，现有粪尿资源氮产生量小于测算的种植业生产粪尿氮需求用量，可适当增加养殖规模，测算结果表明，黄淮海区可增加粪尿氮 121.0×10^4 t，折合新增 10 574.1 万头猪单位，东北区可增加粪尿氮 56.3×10^4 t，折合新增 4 917.8 万头猪单位，北方农牧交错带可增加粪尿氮 3.0×10^4 t，折合新增 263.6 万头猪单位。两种设定情况下，化肥氮用量是一致的，测算表明，9 个区中的黄淮海区、东北区和北方农牧交错带等 3 个区域，可适当增加化肥氮用量，增加量依次为 209.8×10^4 t、49.3×10^4 t 和 4.8×10^4 t，其他 6 个区域的化肥氮用量可以进一步消减，可减少量从高到低依次为：西部牧区 236.4×10^4 t，长江中下游及成都平原区 199.3×10^4 t，南方丘陵区

176.8 × 10^4 t，西北农区 137.6 × 10^4 t，西南山区 118.6 × 10^4 t，华南区 88.3 × 10^4 t。

在等氮条件下，有机肥氮投入量替代化肥氮 20%，与表 3-7 中粪尿氮实际产生量比较，可以看出，在忽略秸秆还田带入的氮养分情况下，西南山区、长江中下游平原及成都平原区、南方丘陵区、华南区、西部牧区、西北农区和北方农牧交错带等 7 个区域的现有粪尿资源氮产生量分别较测算的种植业生产粪尿氮需求量高 128.2 × 10^4 t、74.4 × 10^4 t、55.9 × 10^4 t 、54.2 × 10^4 t、44.8 × 10^4 t、30.9 × 10^4 t 和 5.3 × 10^4 t，即这 7 个区域可适当消减畜禽养殖规模，消减规模分别为 11 208.4 万、6 503.5 万、4 889.2 万、4739.8 万、3 920.1 万、2 698 万和 460.6 万头猪单位；而其他 2 个区，现有粪尿资源氮产生量小于测算的种植业生产粪尿氮需求用量，可适当增加养殖规模，测算结果表明，黄淮海区可增加粪尿氮 57.6 × 10^4 t，折合新增 5 035.1 万头猪单位，东北区可增加粪尿氮 20.1 × 10^4 t，折合新增 1 757.7 万头猪单位。在考虑秸秆还田带入的氮养分情况下，东北区现有粪尿资源氮产生量小于测算的种植业生产粪尿氮需求用量，可适当增加养殖规模，测算结果表明，可增加粪尿氮 4.6 万 t，折合新增 404.3 万头猪单位；而其他 8 个区，现有粪尿资源氮产生量较测算的种植业生产粪尿氮需求用量要高，可适当降低养殖规模，测算结果表明，西南山区可消减粪尿氮 159.0 万 t，折合减少 13 902.2 万头猪单位，长江中下游平原及成都平原区可消减粪尿氮 110.5 万 t，折合降低 9 662.5 万头猪单位，华南区可消减粪尿氮 73.8 万 t，折合降低 6 450.3 万头猪单位，南方丘陵区可消减粪尿氮 71.4 万 t，折合降低 6 236.9 万头猪单位，西部牧区可消减粪尿氮 59.1 万 t，折合降低 5 166.2 万头猪单位，西北农区可消减粪尿氮 46.9 万 t，折合降低 4 103.4 万头猪单位，黄淮海区可消减粪尿氮 45.1 万 t，折合降低 3 939.2 万头猪单位，北方农牧交错带可消减粪尿氮 20.4 万 t，折合降低 1 784 万头猪单位；两种设定情况下，化肥氮用量是一致的，测算表明，9 个区中的黄淮海区、东北区、北方农牧交错带等 3 个区域，可适当增加化肥氮用量，增加量依次为 475.5 × 10^4 t、132.0 × 10^4 t 和 42.3 × 10^4 t，其他 6 个区域的化肥氮用量可以进一步消减，可减少量从高到低依次为：西部牧区 207.6 × 10^4 t，南方丘陵区 135.5 × 10^4 t，长江中下游及成都平原区 100.4 × 10^4 t，西北农区 89.1 × 10^4 t，华南区 41.3 × 10^4 t，西南山区 39 × 10^4 t。

（二）种养结合建议

从上述结果分析可以看出，在等氮及粪尿全部还田条件下，有机肥氮投入量替代化肥氮 50%、40% 和 30%（无秸秆还田）时，畜禽养殖数量是可以增加的，但在替代 30%（秸秆还田）、20% 时，目前的畜禽养殖规模有所减少。《国家乡村振兴战略规划（2018—2022）》提出，粪污综合利用率达到 75% 以上，按照 2016 年的粪尿资源氮量计算，此时消耗的粪尿氮数量和测算的替代 20%（无秸秆还田）结果相当，此条件下，畜禽养殖数量将减少，进而影响到人民群众的生活水平，反过来推算，我国目前畜禽养殖数量至少应该维持现有水平或略有增加，这都要求提高畜禽养殖粪污的资源化利用水平。为此，建议如下。

（1）不同区域的畜禽养殖规模应该根据还田潜力有增有减　即基本实现区域内粪污资源的高效利用又能满足人民群众对肉蛋奶产品的需求。粪污资源体积大，运输困难，即使是加工成商品有机肥后，体积仍然巨大，并不适合远距离运输；另外，单个畜禽养殖场产生的粪污资源数量有限，并不适合建设数十万吨乃至百万吨规模的有机肥厂，也就是有机肥厂基本上都是小微企业，服务范围有限，所以小范围内养殖数量可以超过小区域承载力，但大区域内不超过农田承载力。

（2）制定地定有机肥施用标准　各个区域应该根据当地的气候条件、地形条件等因素，并结合历史习惯，制定地方有机肥施用标准，主要包括有机肥施用时间、施用方法、施用数量等，尤其是液体有机肥的施用时间、施用方法、施用数量等。

（3）做好畜禽规模化养殖场配套的粪污处理能力建设　粪污是一种优质肥料资源，不建议规模化养殖场尤其是大型养殖场采用达标排放处理技术模式，而是要做好粪污收集、贮存、处理、加工等，相关部门在规划建设规模化养殖场时候应同时批准粪污处理场地的用地需求，最大限度满足粪污处置、合理高效利用的需要。

（4）各区域要注意总结有效的种养结合技术模式并进行推广　我国幅员辽阔，一种技术模式并不能包打天下，这就需要养殖户、种植户、政府部门、专家等群策齐力，不断探索适合当地特点的种养结合模式，并加以推广。如四川江油成分利用当地地形提出的“1100”代养模式，即坡顶上建设 1 栋圈舍，养 1 000 头猪，粪污储存后可借助重力作用进入周边农田。

（5）不断进行种养结合创新　创新即包括技术创新，如粪污源头减量技术、粪污快速腐熟发酵技术、粪污（有机肥）合理利用技术研究等，也包括管理制度创新，如处理畜禽规模化养殖与分散养殖之间矛盾、如何提高农户利用有机肥（畜禽粪污）的积极性、有机肥利用效益评价等。

第四章　流域畜禽粪污还田利用区划
——以长江中下游地区为例

近年来，我国畜牧业持续稳定发展，规模化养殖水平显著提高，有效保障了肉蛋奶供给。但由于畜禽养殖空间布局不合理，种养结合不紧密，畜禽粪污未得到有效处理和利用，畜禽粪便污染日益严重，成为农村环境治理的一大难题。长江中下游地区是我国传统粮棉油猪的主产区和主销区，但随着畜禽养殖加快发展，养殖密度不断加大，农业面源污染加剧，畜禽养殖与环境保护矛盾突出，亟须根据资源环境承载能力，明确发展性空间和约束性空间，调整优化畜禽养殖区域布局。

基于长江中下游地区 79 个地级市（含上海市）的基础数据，采用《畜禽养殖业产污系数与排污系数手册》和《畜禽粪污土地承载力测算技术指南》中的相关参数，测算长江中下游地区畜禽粪便资源总量和耕地畜禽粪污负荷，评估区域畜禽粪污环境风险，并结合区域作物粪肥养分需求，反演区域畜禽养殖容量与承载潜力，以期为促进长江中下游地区畜禽养殖布局调整优化，防控农业面源污染，推动农业绿色发展转型提供参考。

一、长江中下游地区基础条件分析

长江中下游地区辖上海、江苏、浙江、安徽、江西、湖北和湖南 7 个省（市），覆盖长江三角洲水网区、长江中游水网区和丹江口库区，是我国重要的水源地，经济发达，人口密集，是我国传统粮棉油猪的重要产区。

（一）自然资源概况

地处北亚热带和中亚热带，气候温暖湿润，水热资源丰富，河网密布、水系发达，农作物可一年两熟至三熟，农业生产水平较高。耕地面积 2 055.18 万 hm^2，占全国耕地面积的 15.24%。人均耕地 0.77 亩（1 亩≈ 667m^2，15 亩 =1hm^2，全书同）。年降水量 800~1 600mm，水资源总量 5 468.1 亿 m^3，占全国水资源总量的 19.91%，人均水资源量 1 367.03m^3。

（二）区域种养业发展状况

长江中下游地区是国家大宗农产品供给基地。2018 年农作物总播种面积 40 172.09 千 hm^2，占全国农作物总播种面积的 24.21%，其中，粮食作物播种面积 27 214.1 千 hm^2，占全国的 23.25%；油料播种面积 4 194.85 千 hm^2，占全国的 32.59%；棉花播种面积 378.55hm^2，占全国的 11.29%；麻类播种面积 8.38 千 hm^2，占全国的 14.79%；糖料播种面积 37.86 千 hm^2，占全国的 2.33%；烟叶播种面积 150.07 千 hm^2，占全国的 14.19%；蔬菜播种面积 5 932.5 千 hm^2，占全国的 29.03%；药材播种面积 477.57%，占全国的 19.96%。果园面积 1 979.33 千 hm^2，占全国的 16.67%。瓜果类面积 662.86 千 hm^2，占全国 31.31%。茶园面积 1 000.7 千 hm^2，占全国的 33.52%。生猪出栏 20 059.97 万头。牛期末数量 1 001.29 万头，占全国的 11.23%。猪年底头数 11 452.55 万头，占全国的 26.75%；羊年底只数 2 345.75 万只，占全国的 7.89%。

2018 年粮食产量 16 423.48 万 t，占全国粮食总产量的 24.96%，人均粮食 410.59kg。稻谷产量 10 936.44 万 t，占全国稻谷总产量的 51.56%；小麦产量 3 366.89 万 t，占全国小麦总产量的 25.62%；玉米产量 1 459.3 万 t，占全国玉米总产量的 5.67%；大豆产量 255.23

万 t，占全国大豆产量的 16.07%。油料产量 931.95 万 t，占全国油料总产量的 27.14%。棉花产量 42.45 万 t，占全国棉花总产量的 6.96%。糖料产量 182.36 万 t，占全国糖料总产量的 1.53%。蔬菜产量 19 249.93 万 t，占全国蔬菜总产量的 27.36%。水果产量 5 075.07 万 t，占全国水果总产量的 19.76%。肉类产量 2 166.58 万 t，占全国肉类总产量的 25.12%。禽蛋产量 694.76 万 t，占全国禽蛋总产量的 22.21%。牛奶产量 158.64 万 t，占全国牛奶总产量的 5.16%。水产品产量 2 296.95 万 t，占全国水产品总产量的 35.67%，其中，淡水产品产量 1 676.22 万 t，占全国淡水产品总产量的 53.11%。

二、流域畜禽粪污还田利用区划方法

（一）畜禽养殖污染物产生量

选取猪、牛、羊、家禽 4 类主要畜禽来测算长江中下游地区畜禽粪污资源总量。依据畜禽饲养量、饲养周期和日产污系数，计算畜禽养殖污染物年产生量，具体计算公式为：

$$Q = \Sigma N_i \times D_i \times P_i$$

式中，Q 为各类畜禽养殖粪便、全氮、全磷等污染物年产生量，N_i 为畜禽饲养量，D_i 为饲养周期，P_i 为日产污系数。不同畜禽种类、不同饲养方式，其饲养周期差异较大。根据生态环境部公布数据，猪饲养周期为 199 d，以年出栏量为饲养量；家禽饲养周期为 210 d，以年出栏量为饲养量；牛、羊饲养周期为 365 d，以年末存栏量为饲养量。猪、牛、家禽日产污系数参照《畜禽养殖业源产排污系数手册》，并进行适当修正，其中：猪产污系数 =1/3 保育期产排污系数 +2/3 育肥期产排污系数；牛产污系数取奶牛和肉牛的平均值；家禽以鸡产污系数计，取蛋鸡和肉鸡的平均值；羊产污系数采用生态环境部公布的数据。各类畜禽日产污系数见表 4–1。

表 4-1　各类畜禽产排污系数

区域	污染物	猪	牛	鸡	羊
华东地区	粪便量（kg/d）	0.93	20.5	0.15	2.6
	尿液量（L/d）	2.04	10.32		
	全氮（g/d）	20.72	158.58	0.97	6.25
	全磷（g/d）	2.62	23.6	0.45	1.23
中南地区	粪便量（kg/d）	0.99	21.16	0.1	2.6
	尿液量（L/d）	2.75	12.72		
	全氮（g/d）	36.43	186.37	0.94	6.25
	全磷（g/d）	4.83	32.99	0.15	1.23

说明：《畜禽养殖业源产排污系数手册》给出了全国大陆范围内不同区域的畜禽产排污系数，具体到本研究中，华东区适用于上海、江苏、浙江、安徽和江西 5 省（市），中南区适用于湖南和湖北 2 省。

（二）耕地畜禽粪污氮磷负荷

耕地畜禽污氮（磷）负荷＝畜禽粪污氮（磷）年排放量 × 留存率 / 耕地面积

其中，畜禽粪污收集处理过程中氮（磷）留存率参考《畜禽粪污土地承载力测算技术指南》，取 65%。

（三）耕地畜禽养殖环境容量

耕地畜禽养殖环境容量以区域作物粪肥养分（氮、磷）需求量和单位猪当量氮磷供给量为基础进行核算。具体计算方法为：首先根据区域作物种植类型和总产量，测算区域作物养分需求量；然后根据区域土壤养分状况、粪肥替代化肥比例等参数，测算区域作物粪肥养分需求量；最后根据单位猪当量粪肥养分供给量，可推算出区域畜禽养殖猪当量环境容量。其中：

$$区域作物养分需求量 = \sum 每种作物总产量 \times 单位产量养分需求量$$

$$区域作物粪肥养分需求量 = \frac{作物养分需求量 \times 施肥供给养分占比 \times 粪肥占施肥比例}{粪肥当季利用率}$$

$$区域畜禽养殖猪当量环境容量 = \frac{区域作物粪肥养分需求量}{单位猪当量粪肥养分供给量}$$

选取水稻、小麦、玉米、豆类、薯类、油料、蔬菜、瓜果、棉花、烟叶、甘蔗、茶叶等12类主要作物来测算区域作物（粪肥）养分需求量。作物单位产量养分需求量参照《畜禽粪污土地承载力测算技术指南》给出的“不同植物形成100 kg产量需要吸收氮磷量推荐值”。同时，假定土壤氮磷养分分级为Ⅱ级，氮磷施肥供给养分占比取45%，粪肥占施肥比例取50%；粪肥中氮素当季利用率取25%，磷素当季利用率取30%。

（四）畜禽养殖环境风险指数与承载潜力

为评估畜禽养殖排放的氮磷对环境的污染风险，引入畜禽养殖环境风险指数。

畜禽养殖环境风险指数 = 实际畜禽养殖总量 / 畜禽养殖环境容量

若小于0.5，表明实际畜禽养殖总量不到环境容量的1/2，环境风险较小；若处于0.5~1，表明实际畜禽养殖总量尚未超过环境容量，环境风险中等；若处于1~2之间，表明实际畜禽养殖总量超过环境容量，环境风险较严重；若大于2，表明畜禽养殖环境风险严重。

同时，引入畜禽养殖环境承载潜力，用以表示一定面积耕地可承载的新增畜禽数量。

畜禽养殖环境承载潜力 = 畜禽养殖环境容量 − 实际畜禽养殖总量

其中：实际畜禽养殖总量的计算，以单位猪的总氮（磷）排放量为基础，将其他畜禽折算成猪当量。

（五）数据来源

本部分所采用的基础数据均来源于官方统计资料，各类作物产量、各类畜禽存（出）栏量来源于2016年各省（市、自治区）或地级市的统计年鉴，个别缺失数据采用2015年统计年鉴中的数据。耕地面积数据来源于自然资源部官方网站土地调查成果共享应用服务平台中的统计数据。湖北省的天门市、仙桃市、潜江市和神农架林区为省直管县级市。鉴于本部分主要使用市级统计数据，故未将其纳入研究范围。

三、流域畜禽粪污还田利用区划结果

（一）畜禽粪便总量、结构及分布

按猪粪当量计算，长江中下游地区2015年畜禽粪便总量44 784.09万t。从不同种类畜禽的粪便产生量来看，牛粪便量最多，为17 353.81万t，占畜禽粪便总量的38.75%；家禽和猪粪便量大体相当，分别为12 180.81万t和11 477.98万t，占比分别为27.20%和25.63%；羊粪便量最少，为3 771.50万t，占畜禽粪便总量的比例仅8.42%。

从省域分布来看，湖南省和湖北省的畜禽粪便资源丰富，畜禽粪便量在10 000万t以上，占长江中下游地区畜禽粪便总量的比例分别为27.91%和22.78%；安徽省、江西省和江苏省的畜禽粪便资源较丰富，畜禽粪便量在5 000万t以上，占长江中下游地区的比例分别为17.13%、14.42%和13.17%；浙江省和上海市的畜禽粪便资源最少，占比仅分别为3.99%和0.6%。

从市域分布来看，有14个市的畜禽粪便量在1 000万t以上，畜禽粪便量合计18 950.50万t，占长江中下游地区的42.32%，分布在江苏省的徐州市、盐城市，江西省的赣州市、吉安市、宜春市，安徽省的淮南市，湖北省的襄阳市、孝感市、黄冈市，湖南省的衡阳市、邵阳市、岳阳市、常德市、永州市。有7个市的畜禽粪便量不足100万t，分布在江苏省的无锡市、镇江市，浙江省的舟山市、台州市，江西省的景德镇市，安徽省的铜陵市、黄山市。具体分布情况见图4-1。

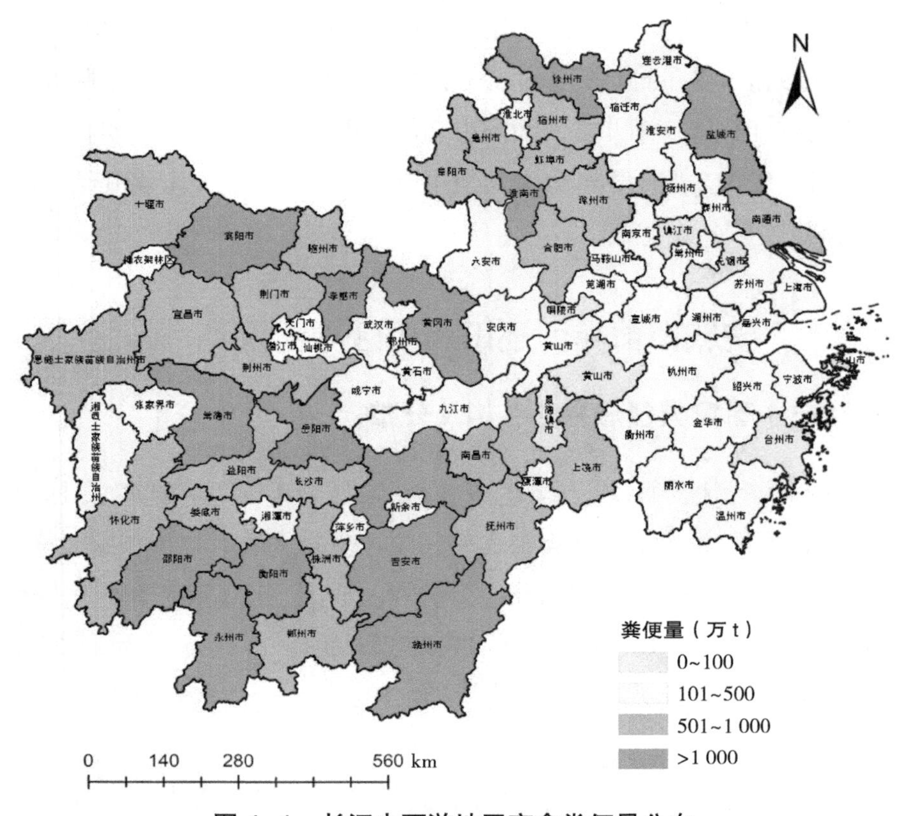

图 4–1　长江中下游地区畜禽粪便量分布

（二）耕地畜禽粪污氮（磷）负荷

通过测算长江中下游地区单位耕地畜禽粪污氮（磷）负荷可知，长江中下游耕地畜禽粪污氮、磷负荷分别为 71.18 kg/hm^2、12.71 kg/hm^2，为欧盟限量标准[①]的 40% 左右。

分省域来看，长江中下游地区 7 个省（市）的氮磷负荷均未超过欧盟限量标准，但湖南省和湖北省的耕地畜禽粪污氮负荷较高，超过 100 kg/hm^2，尤其是湖南省的耕地畜禽粪污氮负荷达到 163.45 kg/hm^2，接近欧盟限量标准，此外，湖南省的耕地畜禽粪污磷

① 欧盟畜禽粪便氮磷养分施用标准：单位面积农地年施氮量 170 kg/hm^2、施磷量 35 kg/hm^2。

负荷也较高，达到 24.72 kg/hm^2。

从市域来看，有 7 个市的耕地畜禽粪污氮负荷超过欧盟限量标准，分布在浙江省的衢州市，湖南省的长沙市、湘潭市、衡阳市、邵阳市、永州市和娄底市，尤其是衢州市的耕地畜禽粪污氮负荷约是欧盟限量标准的 3 倍。有 3 个市的耕地畜禽粪污磷负荷超过欧盟限量标准，分别是浙江省的衢州市、湖南省的永州市、娄底市，尤其市衢州的耕地畜禽粪污磷负荷约是欧盟限量标准的 3 倍。

由于中国尚未制定畜禽粪便氮磷养分的施用标准，研究中常选取欧盟标准，但中国的耕作制度、种植方式、复种指数等与欧洲差异较大，评估结果可能与实际情况存在差异。本部分拟根据区域作物粪肥养分需求量和耕地面积，重新评估畜禽粪污氮磷养分对耕地的影响程度。评估结果显示，长江中下游地区所有地级市的耕地畜禽粪污磷负荷未超过区域作物磷养分需求，仅湖南省娄底市的耕地畜禽粪污氮负荷超过区域作物粪肥氮养分需求。

（三）畜禽养殖环境容量及环境风险指数

分别以氮、磷为基准，长江中下游地区实际畜禽养殖总量分别为 51 924.4 万头猪当量和 89 270.67 万头猪当量，畜禽养殖环境容量分别为 76 561.6 万头猪当量和 106 208.5 万头猪当量，环境风险指数分别为 0.68 和 0.84，表明长江中下游地区实际畜禽养殖总量尚未超过环境容量，养殖环境污染风险中等。

分省域来看，上海市、江苏省、浙江省、安徽省、湖北省和湖南省以氮、磷为基准的环境风险指数处于 0.5~1，环境风险为中等；江西省以氮为基准的环境风险指数 0.92，环境风险中等，而以磷为基准的环境风险指数 1.08，环境风险较严重。

从市域来看，由图 4-2 可知，以氮为基准，有 26 个市的环境风险指数小于（或等于）0.5，有 40 个市的环境风险指数介于 0.5~1，有 13 个市的环境风险指数大于 1。以磷为基准，有 9 个市的环境风

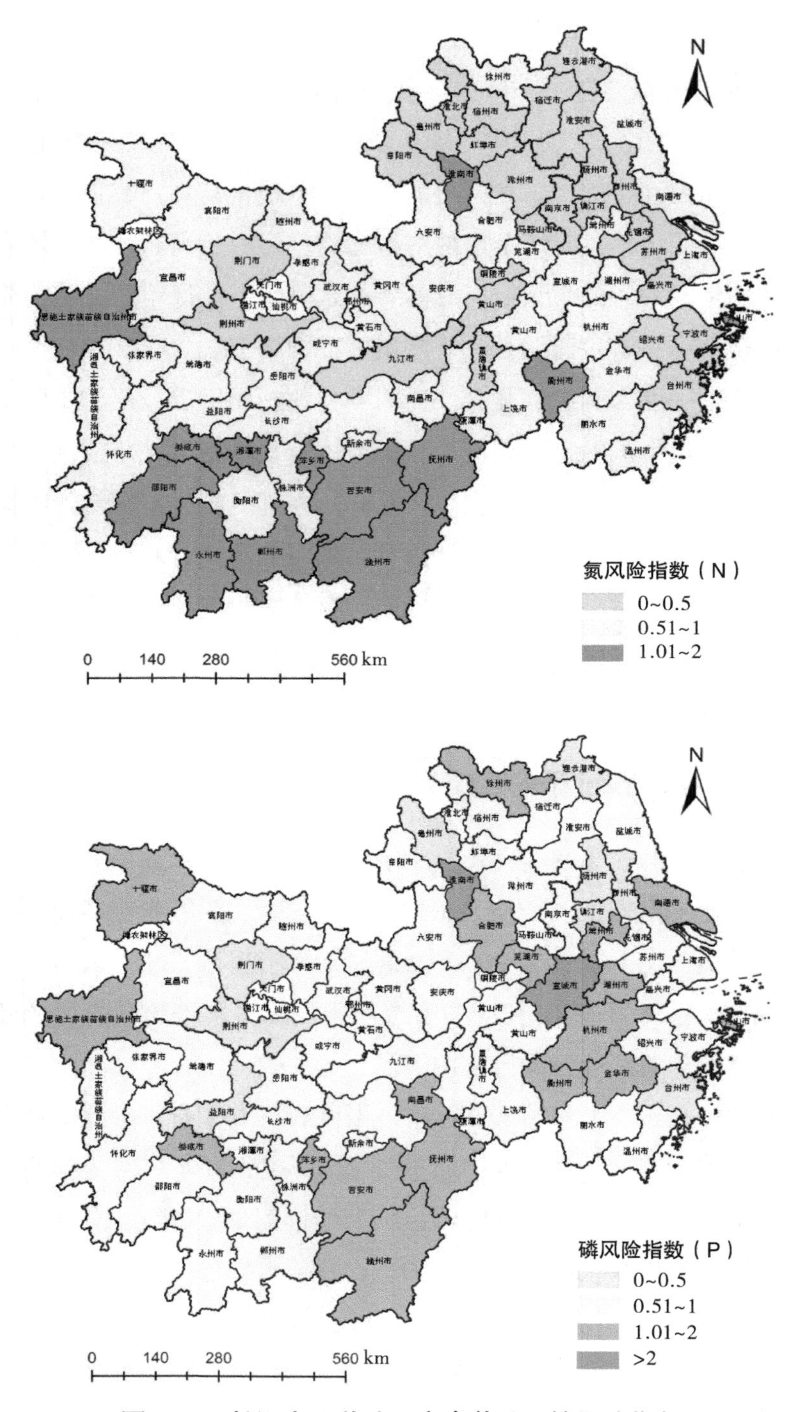

图 4-2 长江中下游地区畜禽养殖环境风险指数

险指数小于（或等于）0.5，有50个市的环境风险指数介于0.5~1，有18个市的环境风险指数大于1，有2个市的环境风险指数大于2。综合氮、磷基准，约59%的市畜禽养殖环境风险中等，约28%的市畜禽养殖环境风险较严重，约10%的市畜禽养殖环境风险较小，仅3%的市畜禽养殖环境风险严重。

通过区域和市域层面的分析，不难看出，长江中下游地区畜禽养殖分布不均匀，畜禽养殖耕地氮磷点源污染普遍。例如，安徽省整体畜禽养殖环境污染风险中等，但其中的淮南市和宣城市的畜禽养殖环境风险综合指数大于2，环境污染风险严重。

（四）畜禽养殖发展潜力

根据区域畜禽养殖环境风险指数可判断该区域是否具有畜禽养殖发展潜力。如果环境风险指数小于1，则具有发展潜力，可适当增加养殖数量；如果大于或等于1，则不具有发展潜力，应对养殖规模实行总量控制，适当调减养殖数量。通过前述分析可知，长江中下游地区整体具有发展潜力。分省域来看，江西省畜禽养殖不具有发展潜力，需要进行总量控制；其他省（市）具有发展潜力，可适当增加养殖数量。但由于畜禽养殖区域分布不均匀，应注意省域内部的调整优化。

根据区域畜禽养殖环境容量和实际养殖总量，可测算区域可承载的新增养殖量。结果显示，以氮、磷为基准，长江中下游地区可新增畜禽养殖数量分别为24 637.21万头猪当量和16 937.83万头猪当量，增量规模分别为实际养殖总量的47%和19%。

从省域层面看，综合氮、磷基准，江西省的调减规模为7.57%，安徽省、浙江省、湖南省、江苏省、上海市和湖北省的调增规模分别为2.77%、3.36%、12.31%、22.87%、26.33%和43.6%。

从市域层面来看，综合氮、磷基准，具有畜禽养殖发展潜力的市共有55个，其中，有33个市的增量规模处于小于50%，有14个市的增量规模处于 50%~100%，有 8 个市的增量规模大于 100%。不具有畜禽养殖发展潜力的市共有 24 个，其中，有 22 个市的调减规模处于小于 50%，有 2 个市的调减规模处于 50%~100%。具体分布见图 4-3。

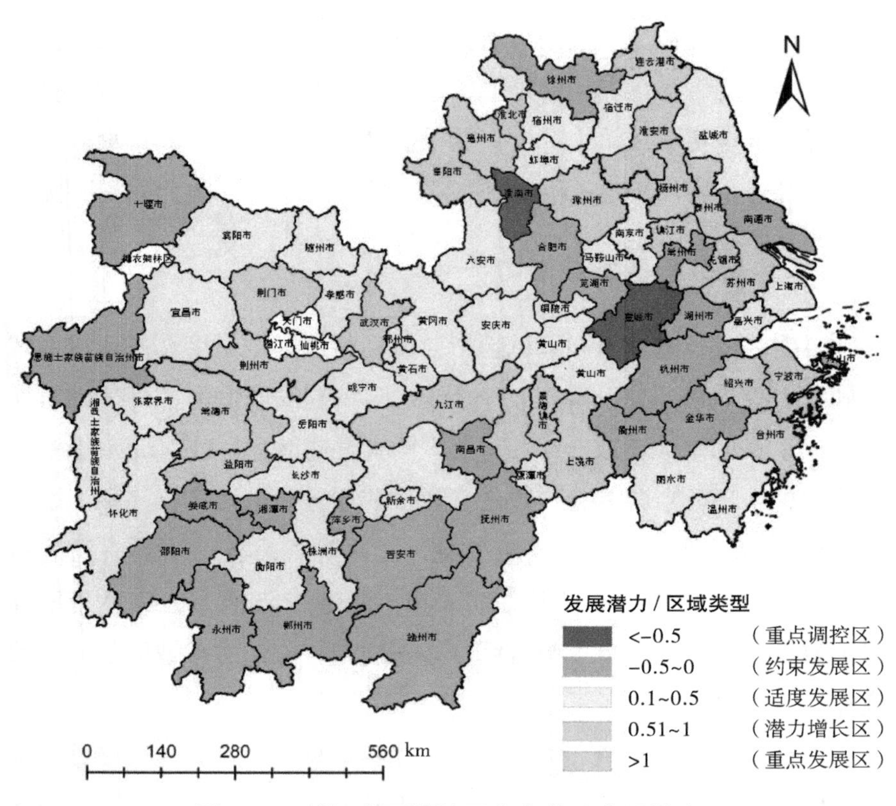

图 4-3 长江中下游地区畜禽养殖发展潜力

（五）讨论

1. 分类推进长江中下游地区畜禽养殖布局调整优化

根据区域畜禽养殖环境风险指数和发展潜力，将长江中下游地区畜禽养殖布局划分为重点调控区、约束发展区、适度发展区、潜力增长区和重点发展区（图 4-3）。其中：重点调控区是畜禽养殖调减规模在50%~100%的区域；约束发展区是畜禽养殖调减规模小于50%的区域；适度发展区是畜禽养殖增量规模在0~50%的区域；潜力增长区是畜禽养殖增量规模在50%~100%的区域；重点发展区是畜禽养殖增量规模大于100%的区域。各区域根据资源环境承载能力，科学确定适宜养殖规模，形成不同区域优势互补、协调发展的畜禽养殖布局。但需要注意的是，各省（市）均有各自的农业功能定位和发展方向，基于作物养分需求的畜禽养殖承载力评估仅为区域畜禽养殖布局调整优化提供参考，而非硬性约束。

2. 重视基于种养平衡的长江中下游地区畜禽养殖布局动态调整

上述长江中下游地区畜禽养殖布局调整优化方案是基于现阶段作物种植结构提出的，如果未来区域种植业结构调整，区域作物粪肥需求将发生变化，以此为基础的区域畜禽养殖环境容量也将发生变化，应相应调整畜禽养殖布局。这也从侧面印证了种养结合的科学性和必要性，以种定养、以养促种、种养平衡，实现种养业可持续发展。

3. 相关参数与数据调整

第一，产排污系数和饲养周期的选取是测算畜禽粪污总量的关键点和难点，畜禽种类、饲养方式、饲养阶段等均影响产排污系数和饲养周期，但统计年鉴中的相关数据并未细分，本部分产排污系数和饲养周期的选取采用综合平均的方式模糊处理，在一定程度上影响了测算结果的准确性。第二，区域作物粪肥养分需求的影响因素较多，本研究虽考虑了不同作物养分需求量和氮磷当季利用率等因素，但未充分考虑不同区域土壤养分水平，仅作简单假设，与实际情况不符，一定程度上影响了测算结果的准确性。第三，鉴于数据的可获得性，本部分仅选取了4类主要畜禽和12类主要作物，一定程度上了低估区域畜禽粪污总量和作物粪肥养分需求。

（六）结论

按猪粪当量计算，长江中下游地区2015年畜禽粪便总量

44 784.09 万 t。耕地畜禽粪污氮、磷负荷分别为 71.18kg/hm^2、12.71kg/hm^2，为欧盟限量标准的 40% 左右。分别以氮、磷为基准，长江中下游地区畜禽养殖环境容量分别为 76 561.60 万头猪当量和 106 208.5 万头猪当量，环境风险指数分别 0.68 和 0.84，表明整体上来看，长江中下游地区畜禽养殖环境污染风险中等，具有一定发展潜力，可新增畜禽养殖数量分别为 24 637.21 万头猪当量和 16 937.83 万头猪当量，增量规模分别为实际养殖总量的 47% 和 19%。

分省域来看，畜禽粪便资源丰富程度由高到低依次为湖南、湖北、安徽、江西、江苏、浙江和上海；耕地氮磷负荷由大到小依次为湖南、湖北、江西、安徽、江苏、上海和浙江；上海、江苏、浙江、安徽、湖北和湖南畜禽养殖环境风险中等，具有发展潜力，可适当增加养殖数量；江西畜禽养殖环境风险较严重，不具有发展潜力，需要进行总量控制。

分市域来看，有 14 个市的畜禽粪便量在 1 000 万 t 以上，有 7 个市的畜禽粪便量不足 100 万 t。从畜禽粪污氮磷养分施用标准来看，以氮计，超过欧盟限量标准有 7 个市，超过区域作物粪肥养分需求的有 1 个；以磷计，超过欧盟限量标准的有 3 个，均未超过区域作物粪肥养分需求。综合氮磷基准，约 59% 的市畜禽养殖环境风险中等，约 28% 的市畜禽养殖环境风险较严重，约 10% 的市畜禽养殖环境风险较小，仅 3% 的市畜禽养殖环境风险严重。

长江中下游地区畜禽养殖分布不均匀，畜禽养殖耕地点源污染普遍，需按照重点调控区、约束发展区、适度发展区、潜力增长区和重点发展区进行优化，并根据区域种植业结构进行动态调整。

第五章　地市级畜禽粪污还田利用区划——以赤峰市为例

地级行政区是行政地位与地区相同的行政区的总称，为二级行政区，包括地级市、地区、自治州、盟等，我国共有333个地级行政区，其管辖县级行政区。进行地级行政区种养结合区划是依据种植业生产进行养殖业发展总体部署，尤其是粪污资源（有机肥）合理利用具体部署，和全国大区相比较，其指导可细化到县级行政区，更具体。赤峰市地处蒙、冀、辽3个省（区）交汇处，具有悠久的农耕历史，但年降水量较少，在400mm等降水量线上，人均耕地较多，近年来畜禽养殖发展较快，具有一定的代表性，故选择赤峰市为例，讲述地级行政区种养结合区划。

一、赤峰市基础条件分析

赤峰市位于内蒙古自治区东南部，蒙冀辽3个省（区）交汇处，北纬41°17′10″~45°24′15″，东经116°21′07″~120°58′52″，东南与辽宁省朝阳市接壤，西南与河北省承德市毗邻，东部与内蒙古通辽市相连，西北与内蒙古锡林郭勒盟交界。全市总面积约6 000 km^2，东西最宽375 km，南北最长457.5 km，辖红山区、元宝山区、松山区、阿鲁科尔沁旗、巴林左旗、巴林右旗、克什克腾旗、喀喇沁旗、翁牛特旗、敖汉旗、林西县和宁城县。

赤峰市以大兴安岭山地、燕山山地、内蒙古高原、浑善达克沙地和科尔沁沙地为骨架，可分为中山山地、高平原、熔岩台地、低山丘陵和沙丘坨甸等地貌类型，山地 15 972 km^2、高平原 4 740 km^2、熔岩台地 2 886 km^2、低山丘陵 17 500 km^2、黄土丘陵 20 619 km^2、河谷平原 7 358 km^2、沙地 20 946 km^2；赤峰市地形为北部山地丘陵区、南部山地丘陵区、西部高平原区、东部平原区，海拔高 300~2 067 m。根据气候条件，将赤峰市划分为 3 个农业区。

（1）西北部温凉半湿润牧林气候区　包括阿鲁科尔沁旗、巴林左旗、巴林右旗和林西县北部，克什克腾旗西部、喀喇沁旗小牛群至宁城县黑里河以西地区，海拔 1 000 m 以上，可种植耐寒、早熟的作物。

（2）中部温暖半干旱半农半牧气候区　包括阿鲁科尔沁旗、巴林左旗、巴林右旗和林西县大部，克什克腾旗东部部分地区、翁牛特旗和松山区西部、喀喇沁旗中部、宁城县西部大部地区，呈带状分布，海拔 700 m 左右，为农牧交错、半农半牧的经济结构，以种植中熟、中晚熟的谷子、玉米等为主。

（3）东南部温热半干旱农牧气候区　其中，西拉木伦河中、下游及老哈河北岸三角地带，光热资源丰富，无霜期超过 135 d，以种植中熟、晚熟作物为主；松山区中部南部、喀喇沁旗东部、宁城县和敖汉旗大部区域，海拔在 400~750 m，降水量 370~400 mm，以种植中晚熟、晚熟作物为主，还有甜菜、芝麻、花生、红薯等经济作物种植。

（一）自然资源概况

1. 土地资源

赤峰市土壤总面积 13 306 万亩，共分 17 个土类、39 个亚类、142 个土属。棕壤面积 46.8 万多 hm^2，占全市土壤总面积 5.3%，其中，耕地面积 3.6 万多 hm^2；暗棕壤面积 4.2 万多 hm^2，占全市土壤总面积 0.5%，其中耕地面积 0.1 万多 hm^2；灰色森林土面积 77.2 万多 hm^2，占全市土壤总面积 8.7%；褐土面积 15.2 万多 hm^2，占全市土壤总面积 1.7%；栗褐土面积 89.7 万多 hm^2，占全市土壤总面积 10.1%，其中耕地面积 34.6 万多 hm^2；黑土面积 2.8 万多 hm^2，占全市土壤总面积 0.032%；黑钙土面积 73.6 万多 hm^2，占全市土壤总面积 8.3%；草甸土面积 19.3 万多 hm^2，占全市土壤总面积 2.2%；栗钙土面积 248.1 万多 hm^2，占全市土壤总面积 27.9%，是赤峰市面积最大的土类；风沙土面积 209.4 万多 hm^2，占全市土壤总面积 23.6%，是赤峰市第二大土类；粗骨土面积 56.7 万多 hm^2，占全市土壤总面积 6.4%；灰色草甸土面积 17.8 万多 hm^2，占全市土壤总面积 2.0%；潮土面积 18.3 万多 hm^2，占全市土壤总面积 2.1%；灌淤土面积 1.6 万多 hm^2，占全市土壤总面积 0.91%；沼泽土面积 5.3 万多 hm^2，占全市土壤总面积 0.6%，其中耕地面积 100 余 hm^2；泥炭土面积 78.3hm^2，占全市土壤总面积 0.01%；盐土面积 0.3 万多hm^2，占全市土壤总面积 0.04%。土壤化学指标情况见表 5–1，以全国第二次土壤普查确定的土壤养分分级标准作为参考，赤峰市耕地质量总体上为中等（表 5–2）。

表 5–1　赤峰市土壤化学性状情况

区域名称	pH 值	有机质（g/kg）	全氮（g/kg）	速效磷（mg/kg）	速效钾（mg/kg）
红山区	8.2	13.64	0.765	13.3	121.6
元宝山区	8.2	15.55	0.831	12.1	138
松山区	8.2	13.96	0.783	10.7	130.4
阿鲁科尔沁旗	8.2	19.9		6.7	131.7
巴林左旗	8	18.45	1.086	20.3	157.6
巴林右旗	8.3	18.11	1.083	6.8	112.8
林西县	8.2	18.62	1.014	15.6	137.3
克什克腾旗	7.9	20.24	1.141	13.3	144
翁牛特旗	8.4	11.32	0.698	8.6	107.6
喀喇沁旗	7.8	16.83	1.003	16	140.2
宁城县	8	15.81	0.993	15.6	129.1
敖汉旗	8.2	11.64	0.719	11.1	120.2
全市合计	8.1	15.59	0.919	12.8	131

表 5-2　内蒙古自治区第二次土壤普查土壤养分分级标准

养分	极低	低	中高	高	极高
有机质（g/kg）	≤ 10	10.1~20	20.1~30	30.1~40	≥ 40
全氮（g/kg）	≤ 0.75	0.76~1	1.01~1.5	1.51~2	≥ 2.01
速效磷（mg/kg）	≤ 10	11~15	16~20	21~40	≥ 40
速效钾（mg/kg）	≤ 50	51~100	101~150	151~200	≥ 200

2. 气候条件

赤峰市属温带半干旱大陆季风气候区，日照充足，雨热同季，四季分明，适宜多种农作物生长。全年平均气温 0~7℃，最热月平均气温 20~22℃，最冷月平均气温 −18~−12℃，极端最低气温 −42℃，极端最高气温 42.5℃。年平均日照时数 2 800~3 100 h，作物生长期（4—9 月）。日照时数在 1 470~1 680 h，占年总日照时数的 55% 左右。

赤峰市地处辽河流域的上游，是西辽河流域的主要产流区，分属 4 个流域，即西辽河流域、内陆河流域、大凌河流域、滦河流域，拥有 50 km^2 以上河流 333 条，形成了西辽河、新开河、叫来河、大凌河、达里诺尔、锡林郭勒、老哈河、滦河八大水系。全市有大小湖泊 128 个，其中，常年水域面积 1 km^2 及以上湖泊 12 个。全市多年平均降水量 380 mm，春季（3—5 月）降水平均 35~50 mm，占全年的 11%，夏季（6—8 月）降水平均 250~300 mm，占全年 72.2%，秋季（9—10 月）降水平均 50~60mm，占全年的 14%，冬季（11 月至翌年 2 月）降水平均 10 mm，占全年 2.6%，多年平均蒸发量为 1 600~2 500 mm。全市水资源总量为 38.98 亿 m^3。水资源人均占有水量 851 m^3，是全国人均占有量的 40%，远远低于国际公认的人均占有水资源量 1 700 m^3 的警戒线，属于典型的水资源匮乏地区。

（二）区域种养业发展状况

1. 种植业发展状况

随着国家对粮食种植扶持力度的不断加大，赤峰市粮食种植面积持续增加。2016 年，全年粮食播种总面积 933.78 千 hm^2，粮食总产量 503.25 万 t，主要粮食作物为玉米、小麦、水稻和马铃薯等，占总产的 84.5%，其他杂粮占总产的 15.4%，杂粮主要为谷子、高粱、荞麦、糜子、黍子、莜麦等，谷子播种面积、产量均占内蒙古自治区第一位，豆类作物种植面积较小，全市产量仅为 0.6 万 t。经济作物种类齐全，品种多样，以蔬菜，油料、甜菜为主，蔬菜播种面积和产量均占全自治区第一，是国家主要的蔬菜生产输出基地，2016 年蔬菜（含食用菌）播种面积 79.2 千 hm^2，蔬菜产量 484.4 万 t；油料作物播种面积和产量分别 71.8 千 hm^2、173.8 万 t，油料作物主要向日葵、芝麻、胡麻、苘麻等；糖类作物播种面积和产量分别 24.7 千 hm^2、113.8 万 t，糖类作物为甜菜。松山区、敖汉旗、宁城县和翁牛特旗粮食总产位居前 4 位，年粮食产量分别达到 70×10^4 t 以上，4 个县旗总产量占全市总产量的 59.3%，松山区、宁城县蔬菜产量占全市的 59.4%，林西县和翁牛特旗的糖料产量占全市的 55%（表 5-3）。

表 5-3　赤峰市各县旗区 2016 年作物产量（单位：10^4 t）

作物名称	粮食								油料	糖类	蔬菜	水果
	稻谷	小麦	玉米	谷物	高粱	其他谷物	豆类	薯类	总产			
红山区	0	0	4.5	0.6	0	0	0.1	0	5.3	0	0	14	0.2
元宝山区	0	0	14.7	0.8	0.2	0.1	0	0.2	16.1	0.2	1.4	55.7	1.9
松山区	0.1	1.5	54.6	14.5	1	1.2	0	3.2	77.3	2.4	18.8	153	3.1
阿鲁科尔沁旗	0	0	46.1	1.3	1.7	0.1	0	0.2	50.4	1.1	0.3	3.1	1
巴林左旗	0.1	0.2	36.7	2.3	2.6	0.7	0.1	1.2	44.4	0.8	3.9	3.7	0.4

（续表）

作物名称	粮食									油料	糖类	蔬菜	水果
	稻谷	小麦	玉米	谷物	高粱	其他谷物	豆类	薯类	总产				
巴林右旗	0.8	0.3	13.9	0.6	0.3	0.2	0	0.3	16.6	3	10.5	0.7	0.1
林西县	0	2	15.8	1.6	0.3	1.6	0.1	2.5	24.3	1.9	31.1	17.6	2.1
克什克腾旗	0	5.8	4.9	0	0.1	1.3	0.2	3.7	16.8	1	3.2	6.5	0
翁牛特旗	7.8	2.2	46.7	7.9	1.2	1.6	0.1	1.2	70	5.2	31.5	51.9	0.1
喀喇沁旗	0	0.1	25.5	2.5	0.3	0.1	0	2.4	31.1	0.3	0.4	38	1.3
宁城县	0.5	0.4	61.5	3.5	8.2	0.1	0	0.7	75.1	0.1	1.7	134.6	2.7
敖汉旗	1.1	0	56.1	9.8	6.2	1.4	0	0.4	76.1	1.1	11	5.6	0.3
全市合计	10.4	12.5	381	45.4	22.1	8.4	0.6	16	503.5	17.1	113.8	484.4	13.2

赤峰市1978—2016年化肥施用量逐年增加，2016年化肥用量折纯34.79万t，单位耕地面积化肥使施用量237.5 kg/hm^2，超过227.6 kg/hm^{2}的全国同期平均水平。敖汉旗单位耕地面积化肥施用量最高，达到452.2 kg/hm^2，降低化肥用量潜力较大（表5-4）。

表5-4　赤峰市各县旗区2016年化肥施用情况

乡镇	化肥使用量（t）				耕地面积（千hm^2）	国土面积（km^2）	单位面积化肥用量（kg/hm^2）
	N	P_2O_5	K_2O	复合肥			
红山区	2 446	958	961	1 213	15.32	506	364.1
元宝山区	5 201	2 703	1 441	3 927	37.71	952	351.9
松山区	18 162	5 404	3 363	19 633	180.75	5 618	257.6
阿鲁科尔沁旗	5 318	1 427	2 705	10 876	138.97	14 555	146.3
巴林左旗	8 425	7 361	2 574	7 425	119.72	6 459	215.4
巴林右旗	2 516	1 136	476	2 738	90.27	9 837	76.1
林西县	4 225	2 369	1 377	2 347	88.97	3 933	116
克什克腾旗	3 136	2 618	630	3 798	86.83	20 673	117.3

（续表）

乡镇	化肥使用量（t）				耕地面积（千 hm^2）	国土面积（km^2）	单位面积化肥用量（kg/hm^2）
	N	P_2O_5	K_2O	复合肥			
翁牛特旗	19 350	5 762	3 901	11 536	209.89	11 882	193.2
喀喇沁旗	4 490	1 828	2 422	7 162	52.61	3 006	302.3
宁城县	18 461	3 440	2 970	10 396	137.12	4 305	257.2
敖汉旗	63 508	15 213	10 941	27 608	259.32	8 294	452.2
全市合计	155 238	50 219	33 761	108 659	1 417.48	90 020	237.5

注：国土面积是统计年鉴数据，与地貌类型统计存在差异。

2. 畜牧业发展情况

赤峰市肉牛、肉羊、生猪、禽类等畜禽饲养在全区占有重要地位，2016 年，赤峰市被中国食品工业协会授予“中国牛羊肉食品之都”称号，全市生猪出栏 168.6 万头，猪肉产量 13.2 万 t；牛肉产量 10.2 万 t，羊肉产量 10.2 万 t，牛奶产量 42.5 万 t；禽肉产量 12.8 万 t，禽蛋产量 41.3 万 t；畜牧业总产值 247.7 亿元，畜牧业产镇占农林牧渔总产值的 23.6%。建有畜禽规模化养殖场 743 个，其中，生猪 296 个，奶牛 28 个，肉牛 142 个，蛋鸡 162 个，肉鸡 74 个，羊 41 个，743 个畜禽规模化养殖场有 439 个为大型养殖场。生猪、奶牛、肉牛、蛋鸡、肉鸡和羊的规模养殖比重分别达 30.6%、42.4%、7.9%、7.9%、11.5% 和 4.9%，总体上看，规模化养殖比例偏低。各个旗县（区）畜禽养殖情况见表 5-5，表中数据显示，赤峰市畜禽规模化养殖场分布极不均匀，阿鲁科尔沁旗和红山区几乎没有畜禽规模养殖场，元宝山区、松山区、喀喇沁旗、宁城县和敖汉旗的规模化养殖场数量较多。表 5-6 数据显示松山区、敖汉旗和翁牛特旗是生猪养殖大县，分别位居全市前 3 位，三者生猪存栏量占全市的 60.6%；敖汉旗、松山区和宁城县是家禽养殖大县，分别位居全市前 3 位，三者家禽存栏量占全市的 74.2%；敖汉旗、阿鲁科尔沁旗和翁牛特旗是大牲畜养殖大县，分别位居全市前 3 位，三者大牲畜存栏量占全市的41.8%；阿鲁科尔沁旗、巴林右旗和翁牛特旗是羊养殖大县，分别位居全市前3位，三者羊存栏量占全市的44.8%。对比种植业和养殖业数据发现，赤峰市种植业和养殖业布局存在高度重合（表5-5，表5-6）。

表5-5　赤峰市各县旗区畜禽规模化养殖情况

区域名称	规模化养殖场数量（个）						规模化养殖场比例（%）					
	生猪	奶牛	肉牛	蛋鸡	肉鸡	羊	生猪	奶牛	肉牛	蛋鸡	肉鸡	羊
红山区	1	0	0	0	0	0	0.1	0	0	0	0	0
元宝山区	38	11	16	0	0	7	64	97.8	74.1	0	0	52.6
松山区	58	4	4	7	0	0	48.7	48.8	1.3	11.2	0	0
阿鲁科尔沁旗	0	2	0	0	0	0	0	89.2	0	0	0	0
巴林左旗	7	2	9	0	0	3	7.4	87.6	1.9	0.0	0	0.9
巴林右旗	2	1	4	4	0	4	17.5	31.6	0.4	21.9	0	0.4
林西县	1	0	45	2	2	10	0.1	0	8.9	1.8	54.0	2.6
克什克腾旗	4	0	5	0	0	2	4.2	0	0.6	0	0	2.4
翁牛特旗	26	2	3	0	1	0	78.3	16.1	5.5	0	0.3	0
喀喇沁旗	13	1	20	10	0	13	2.3	79.5	5.8	36.1	0	4.4
宁城县	117	5	34	5	0	1	100	100	3	5.4	0	0.8
敖汉旗	29	0	2	134	71	1	75.8	0	0.6	26.3	95.0	0.1
全市合计	296	28	142	162	74	41	30.6	42.4	7.9	7.9	11.5	4.9

表5-6　赤峰市各县旗区2016年畜禽养殖情况（单位：头、只）

区域名称	生猪存栏	大牲畜存栏（头）	家禽存栏	羊存栏
红山区	12 114	7 168	214 246	37 334
元宝山区	36 166	53 557	493 564	50 418
松山区	316 252	216 810	5 140 478	339 229
阿鲁科尔沁旗	43 755	301 932	284 500	1 091 364
巴林左旗	92 438	196 344	233 786	799 258
巴林右旗	15 450	106 736	60 000	955 242
林西县	94 145	131 187	233 000	373 555
克什克腾旗	34 956	208 941	204 106	768 900
翁牛特旗	138 990	240 113	1 881 357	926 322

（续表）

区域名称	生猪存栏	大牲畜存栏（头）	家禽存栏	羊存栏
喀喇沁旗	50 115	81 560	1 790 000	256 717
宁城县	97 075	185 019	4 950 000	200 854
敖汉旗	277 707	311 224	5 478 873	841 450
全市合计	1 209 163	2 040 591	20 963 910	6 640 643

二、赤峰市种养结合测算结果与建议

（一）测算方法与结果

按照2016年各旗县（区）畜牧业和作物生产统计数据，利用公式2-1至公式2-4计算出了各旗县（区）不同区域氮养分投入与输出情况（表5-7）。全市有机肥资源氮养分量为15.2×10^4 t，其中，畜禽粪尿可提供氮养分量为14.1×10^4 t，秸秆还田可提供氮养分量为1.1×10^4 t，全市化肥氮养分投入量为19.3×10^4 t，单位耕地面积承载的粪尿氮平均为99.5 kg N/hm^2、承载的化肥氮平均为136 kg N/hm^2，有机肥氮投入量占总养分投入量平均为0.44，氮养分平衡为18.2%，即低于允许的20%，即全市氮投入量在较为合理的范围内，故测算时候β=1.2。

表5-7　赤峰市各县旗区2016年不同源氮投入及输出量

（单位：t）

乡镇名称	化肥N投入量	粪尿N产生量	秸秆还田N带入量	生物固氮量	N总投入量	作物N吸收量	N总输出量
红山区	2 864.3	716.7	140.6	41.3	3 762.8	2 014.5	3 661.6
元宝山区	6 555.1	3 016.9	466.1	61.3	10 099.4	6 727.9	10 910.5
松山区	24 932	16 067.8	1 948.2	1 377.2	44 325.2	27 541.4	44 827.7
阿鲁科尔沁旗	9 068.3	18 925.5	836.4	1 030.9	29 861.1	13 421.9	23 633.7
巴林左旗	10 985.3	13 572.6	765	673	25 995.9	11 784.3	21 348.7

（续表）

乡镇名称	化肥N投入量	粪尿N产生量	秸秆还田N带入量	生物固氮量	N总投入量	作物N吸收量	N总输出量
巴林右旗	3 460.1	9 956.3	354.9	202.4	13 973.8	6 189.1	10 906
林西县	5 034.3	8 542.2	551.5	512.8	14 640.7	8 901.2	13 981
克什克腾旗	4 445.7	13 231.5	261.5	152.6	18 091.3	4 514.7	10 707
翁牛特旗	23 327.9	17 176	1 498.1	1 524.3	43 526.3	22 924.3	39 741.1
喀喇沁旗	6 959.7	5 948.7	624.1	134.3	13 666.8	9 314.2	14 578.6
宁城县	22 045.8	11 427.3	1 757.5	201.2	35 432	24 973.8	39 424.9
敖汉旗	73 028	22 405.6	1 405.6	1 092.5	97 931.7	20 288	63 523.7
全市合计	192 706.6	140 987.2	10 609.5	7 003.8	351 307.1	158 595.2	297 244.7

全市各旗县（区）有机肥氮投入量占总养分投入量变化范围为0.23~0.75，故本文分别设定 α=0.5、0.4、0.3 和 0.2，也就是在等氮条件下，有机肥氮投入量分别替代化肥氮 50%、40%、30% 和 20%，利用公式 2-5 至公式 2-8 计算出了全市各旗县（区）的有机肥氮需求量（表 5-8）以及相应的化肥氮需求量（表 5-9）。和上述章节相似，本文仍设定了秸秆还田和非秸秆还田两种情况，即使赤峰市实际上秸秆还田区域间存在较大差异。

表 5-8　赤峰市各县旗区 2016 年粪尿氮需求量　（单位：t）

乡镇名称	α=0.5		α=0.4		α=0.3		α=0.2	
	忽略秸秆还田	秸秆还田	忽略秸秆还田	秸秆还田	忽略秸秆还田	秸秆还田	忽略秸秆还田	秸秆还田
红山区	2 284.7	2 149.6	1 916.2	1 880.5	1 510.2	1 482.1	1 060.8	1 041
元宝山区	7 704	7 255.8	6 461.4	6 343	5 092.5	4 999.1	3 576.9	3 511.3
松山区	30 454.3	28 581	25 542.3	25 030.1	20 130.8	19 727.1	14 139.5	13 856
阿鲁科尔沁旗	14 495.5	13 691.3	12 157.5	11 924.9	9 581.8	9 398.5	6 730.1	6 601.3
巴林左旗	12 950.1	12 214.6	10 861.4	10 641.6	8 560.3	8 387	6 012.6	5 890.9
巴林右旗	6 946.6	6 605.3	5 826.2	5 730.3	4 591.8	4 516.3	3 225.2	3 172.2
林西县	9 777.5	9 247.3	8 200.5	8 030.5	6 463.1	6 329.1	4 539.6	4 445.5

（续表）

乡镇名称	α=0.5		α=0.4		α=0.3		α=0.2	
	忽略秸秆还田	秸秆还田	忽略秸秆还田	秸秆还田	忽略秸秆还田	秸秆还田	忽略秸秆还田	秸秆还田
克什克腾旗	5 062.6	4 811.1	4 246	4 158.6	3 346.5	3 277.6	2 350.5	2 302.1
翁牛特旗	24 985.5	23 545	20 955.6	20 539.6	16 515.8	16 188.0	11 600.4	11 370.2
喀喇沁旗	10 618	10 017.9	8 905.4	8 739.8	7 018.7	6 888.2	4 929.8	4 838.1
宁城县	28 622.4	26 932.5	24 005.9	23 551.8	18 919.9	18 562	13 289	13 037.6
敖汉旗	22 358.7	21 007.2	18 752.5	18 352.3	14 779.5	14 464.1	10 380.8	10 159.3
全市合计	176 260	166 058.6	147 831	144 923.2	116 510.9	114 219.1	81 835	80 225.3

表 5-9　赤峰市各县旗区 2016 年化肥氮需求量　（单位：t）

乡镇名称	化肥氮需求量				化肥氮调整量			
	α=0.5	α=0.4	α=0.3	α=0.2	α=0.5	α=0.4	α=0.3	α=0.2
红山区	2 284.7	2 874.3	3 523.9	4 243.1	−579.6	10.1	659.6	1 378.8
元宝山区	7 704	9 692.2	11 882.5	14 307.5	1 148.9	3137	5 327.3	7 752.3
松山区	30 454.3	38 313.4	46 971.8	56 557.9	5 522.3	13 381.4	22 039.8	31 625.9
阿鲁科尔沁旗	14 495.5	18 236.3	22 357.5	26 920.2	5 427.2	9 168.0	13 289.2	17 851.9
巴林左旗	12 950.1	16 292.1	19 973.9	24 050.2	1 964.8	5 306.8	8 988.6	13 064.9
巴林右旗	6 946.6	8 739.3	10 714.3	12 900.9	3 486.5	5 279.2	7 254.1	9 440.7
林西县	9 777.5	12 300.8	15 080.6	18 158.3	4 743.2	7 266.5	10 046.3	13 124
克什克腾旗	5 062.6	6 369.1	7 808.4	9 402	616.9	1 923.4	3 362.7	4 956.3
翁牛特旗	24 985.5	31 433.3	38 536.9	46 401.6	1 657.5	8 105.4	15 209	23 073.7
喀喇沁旗	10 618	13 358.2	16 377	19 719.2	3 658.4	6 398.5	9 417.3	12 759.5
宁城县	28 622.4	36 008.8	44 146.4	53155.9	6 576.6	13 963	22 100.6	31 110.1
敖汉旗	22 358.7	28 128.7	34 485.5	41 523.3	−50 669.3	−44 899.3	−38 542.5	−31 504.7
全市合计	176 260	166 058.6	147 831	144 923.2	116 510.9	114 219.1	81 835	80 225.3

注：①化肥氮调整量 =2016 年化肥氮实际用量 − 化肥氮需求量；②“−”表示化肥氮投入量较少，否则增加。

表 5-8、表 5-9 数据显示，在等氮条件下，有机肥氮投入量

替代化肥氮50%、40%时，测算的粪尿氮需求量均高于或者相当于2016年粪尿氮产生量（14.1×10^4 t），有机肥氮投入量替代化肥氮30%、20%时，测算的粪尿氮需求量才小于2016年粪尿氮产生量，这意味着粪尿有机肥还田潜力还存在较大空间。在等氮条件下，有机肥氮投入量替代化肥氮50%、40%、30%、20%时，考虑秸秆还田及秸秆不还田情况下各个县旗区畜禽养殖数量的变化情况（表5-10）。表中数据显示，阿鲁科尔沁旗、巴林左旗、巴林右旗、克什克腾旗、林西县等北部区域以及敖汉旗在有机肥氮投入量替代化肥氮所有比率中（林西县替代50%除外），养殖数量均应该有所调减，克什克腾旗及敖汉旗调减数量分列前两位；翁牛特旗有机肥氮投入量替代化肥氮30%、20%时，畜禽养殖数量应该调减；红山区、宁城县、元宝山区等3个县（区）畜禽养殖数量可以适当增加；松山区和喀喇沁旗有机肥氮投入量替代化肥氮50%、40%、30%时，畜禽养殖数量可以适当增加。总体上，阿鲁科尔沁旗、巴林左旗、巴林右旗、克什克腾旗和敖汉旗现有畜禽养殖数量均应该有所调减，红山区、宁城县、元宝山区、松山区和喀喇沁旗畜禽养殖数量可以适当增加；这可能与阿鲁科尔沁旗、巴林左旗、巴林右旗、克什克腾旗为牧区县，养殖规模大有关。

表5-10 赤峰市各县旗区2016年畜禽养殖调整量

（单位：猪单位、万头）

乡镇名称	α=0.5		α=0.4		α=0.3		α=0.2	
	忽略秸秆还田	秸秆还田	忽略秸秆还田	秸秆还田	忽略秸秆还田	秸秆还田	忽略秸秆还田	秸秆还田
红山区	13.7	12.5	10.5	10.2	6.9	6.7	3	2.8
元宝山区	41	37.1	30.1	29.1	18.1	17.3	4.9	4.3
松山区	125.8	109.4	82.8	78.3	35.5	32	−16.9	−19.3
阿鲁科尔沁旗	−38.7	−45.8	−59.2	−61.2	−81.7	−83.3	−106.6	−107.7

（续表）

乡镇名称	α=0.5		α=0.4		α=0.3		α=0.2	
	忽略秸秆还田	秸秆还田	忽略秸秆还田	秸秆还田	忽略秸秆还田	秸秆还田	忽略秸秆还田	秸秆还田
巴林左旗	-5.4	-11.9	-23.7	-25.6	-43.8	-45.3	-66.1	-67.1
巴林右旗	-26.3	-29.3	-36.1	-36.9	-46.9	-47.6	-58.8	-59.3
林西县	10.8	6.2	-3	-4.5	-18.2	-19.3	-35	-35.8
克什克腾旗	-71.4	-73.6	-78.5	-79.3	-86.4	-87	-95.1	-95.5
翁牛特旗	68.3	55.7	33.0	29.4	-5.8	-8.6	-48.7	-50.7
喀喇沁旗	40.8	35.6	25.8	24.4	9.4	8.2	-8.9	-9.7
宁城县	150.3	135.5	110	106	65.5	62.4	16.3	14.1
敖汉旗	-0.4	-12.2	-31.9	-35.4	-66.7	-69.4	-105.1	-107

注：①畜禽养殖调整量 =2016 年实际畜禽养殖量 – 测算的畜禽养殖量；②“–”表示畜禽养殖量减少，否则增加。

表 5–7、表 5–9 数据还表明，在等氮条件下，有机肥氮投入量替代化肥氮 50%、40%、30%、20%，测算的化肥氮需求量均低于 2016 年化肥氮实际用量（19.3×10^4 t），即化肥氮投入量可以适当降低。从表 5–10 中可以看出，在等氮条件下，有机肥氮投入量替代化肥氮 50%、40%、30% 和 20% 时，只有敖汉旗化肥氮用量可以适当减少，在该旗大力推广化肥减施增效技术；其他各旗县（区）的化肥氮投入量应该适当增加，其中，宁城县、松山区和阿鲁科尔沁旗等增加数量位居前 3 名，可增加数量不能超过测算的化肥氮用量。

（二）种养结合建议

为了更好地实现种养结合，各个县旗区的畜禽规模化养殖场应该按照相关规定，设计建设堆肥厂以及尿液（废水）储存池，在 439 个大型养殖场（蛋鸡、生猪、肉鸡、羊、肉牛和奶牛大型养殖场分别为 163、112、71、46、40 和 7 家）建议建设提升沼气池，分散养殖户也应该进行堆肥处理及粪尿储存池。

从前文描述中得知，赤峰市降水量 380 mm，夏季（6—8 月）降水平均 250~300 mm，此时施用有机肥容易导致养分流失，污染地表水体，因此建议该区域施用有机肥的时间在每年 9 月至翌年的 5 月，此段时间内也是该区域秋冬季整地和春季整地播种时期，可施用固体有机肥；该区域年蒸发量达到 1 600~2 500 mm，即使在夏季，降水也难以满足作物生长对水分需求，必需进行灌溉，赤峰市农田灌溉用水量多年平均值 3 300m^3/hm^2（土渠灌溉）。液态有机肥除了含有养分外，还是灌溉水源，一年四季在条件许可的时候均可施用。当然设施栽培由于受天气影响小，可以在整地前施用有机肥以及作物生育期内施用液体有机肥。赤峰市现有水浇地面积 42.78 万 hm^2，旱地面积 90 余万 hm^2，在养殖场合理规划布局，畜禽养殖污水集中收集存贮且用作灌溉水源，暂不考虑污水中的养分含量，设定农田灌溉用水量的一半应用养殖污水，即每公顷采用 1 650m^3 污水灌溉，在灌溉条件具备的条件下，赤峰市养殖场污水可全部用来灌溉。

就目前赤峰市规模化养殖情况来看，畜禽规模化养殖比率还应该提高，就养殖品种来说，所有养殖品种的规模化养殖率都应该提高，尤其是肉鸡、蛋鸡、肉牛；就区域来说，元宝山区和克什克腾旗应提高规模化养殖比例；根据当地实际生产条件，规划建设敖汉旗在肉牛和肉牛养殖小区，规划建设宁城县、元宝山区、松山区、阿鲁科尔沁旗、巴林左旗等在肉鸡、蛋鸡养殖小区，规划建设喀喇沁旗蛋鸡养殖小区，规划建设翁牛特旗的肉牛、蛋鸡和肉鸡养殖小区以及林西县肉牛和奶牛养殖小区，实现集中饲养、集中收集粪污、集中进行处理。

从上述分析还可以看出，不论是赤峰市域内在有机肥氮投入量替代化肥氮 50%、40%，全市畜禽养殖数量应该增加，还是 30%、20% 时候的全市畜禽养殖数量应该有所调减，阿鲁科尔沁旗、巴林左旗、巴林右旗、克什克腾旗和敖汉旗都是有机肥源输出区域，而红山区、元宝山区和宁城县都是有机肥源的输入区域，即使其他旗县

（区）的畜禽养殖粪污基本能够就地消纳，为了更好地利用畜禽养殖粪污资源，应该规划设计建设有机肥生产厂。

因此，建议有机肥厂建设在阿鲁科尔沁旗、巴林左旗、巴林右旗、克什克腾旗和敖汉旗等地，靠近养殖场（小区）。上述5旗畜禽超载规模分别为60万、24万、35万、78万和32万头猪单位，据测算，年可分别生产有机肥20.5万、8.2万、12万、26.7万、11.0万t，建议有机肥厂建设总规模分别控制在年产量25万、10万、15万、30万和15万t（仅考虑把各旗县（区）内无法消纳的畜禽粪污进行加工，以利于远途销售）；若考虑到为有机肥厂周边养殖场提供服务，则有机肥厂的生产能力应该扩大，具体生产能力可根据养殖规模确定。

第六章 县级行政区种养结合区划——以东海县为例

县级行政区是行政地位与县相同的行政区的总称，为三级行政区，包括市辖区、县级市、县、自治县、旗、自治旗等，我国共有2 844个县级行政区。县级行政区地形、气候、作物生产、动物生产等条件有高度相似性，其管辖乡级行政区，为乡、镇等乡级行政区的上一级行政区划单位。进行县级行政区种养结合区划是依据种植业生产进行养殖业发展总体部署，尤其是粪污资源（有机肥）合理利用具体部署，与地级行政区比较，可操作性更强。东海县是我国粮食生产大县、畜牧大县，在年800 mm等降水量线上，又处于我国南北分界线上，经济发展在全国处于中上水平，具有一定代表性，故选择东海县为例讲述县级行政区种养结合区划。

一、东海县基础状况分析

东海县位于江苏省东北部，属连云港市，北纬34° 11′ ~34° 44′，东经118° 23′ ~119° 10′，东与连云港市区相连，西与山东省郯城县以马陵山为界，南与新沂市、沭阳县为邻，北界新沭河与赣榆县相望，西北接山东省临沭县。境域东起张湾乡四营村马庄，西至桃林镇上河村的山里颜，全长70 km，南起安峰镇石埠村的沙礓嘴，北至石梁河镇的西朱范村，全长54 km，总面积2 037 km^2，辖17个乡镇、2个街道、2个国营场、1个省级开发区。

东海县处黄淮海平原东南边缘的平原岗岭地，地势西高东低，境内中西部地区剥蚀平原起伏连绵，古代残丘零星破落，岗岭交错，沟壑纵横；东部地区地势平坦，河网密布，海拔 2.3~125 m（废黄河基准点）。根据地形，将东海县划分为 3 个农业区：① 西部岗岭农业区，包括洪庄镇、桃林镇、山左口乡、李埝乡、李埝林场、种畜场等乡镇（场），以及温泉镇、青湖镇、石梁河镇、石榴街道、曲阳乡、石湖乡、安峰镇等乡镇的一部分；区内多丘陵岗岭，海拔 25~125 m，相对高度 20~50 m。地块多分布在 3° ~8° 的坡上，岭间平原面积窄小，农业生产以旱粮、花生为主。② 中部平坡农业区有石梁河镇、黄川镇、青湖镇、温泉镇、石榴街道、牛山街道、驼峰乡、石湖乡、曲阳乡、房山镇、安峰镇、白塔埠镇、牛山街道等 13 个乡（镇）和种猪场等组成；③ 东部湖洼农业区，包括黄川镇、平明镇、张湾乡、白塔埠镇、房山镇等 5 个乡镇，境内地形西高东洼，高程自 20 m 渐降至 2.3 m，以稻麦两熟制为主。

（一）自然资源概况

1. 土地资源

东海县土地总面积 203.66 千 hm^2，其中，耕地面积 122.28 千 hm^2，园地面积 8.37 千 hm^2，其他农用地面积 24.01 千 hm^2，林地面积 2.69 千 hm^2，水面面积 7.32 千 hm^2，其他类型土地面积 39.00 千 hm^2，分别占土地总面积的 60.04%、4.11%、11.79%、3.59%、1.32% 和 19.00%。土壤分为 6 个土类、10 个亚类、16 个土属、45 个土种；6 个土类为：棕壤、紫色土、潮土、砂浆黑土、水稻土和盐土，分别占全县耕地面积的 46.44%、1.16%、9.98%、39.45%、1.13% 和 1.16%%。全县耕地坡度均小于 15° ，耕地质量国家利用等别有五等、六等和七等，以耕地质量利用等的面积加权平均数计算，耕地质量平均利用等别为 6.04 等，其中，五等地面积为 33 379.58 hm^2，六等地面积为 49 889.17 hm^2，七等地面积为 39 014.39 hm^2，分别占耕地面积的 27.30%、40.80% 和 31.90%（图

6–1）。五等地主要分布在东部湖洼农业区区和中部平坡农业区，六等地除山左口乡外各乡镇均有分布，七等地主要分布在中部平坡农业区和西部岗岭农业区。

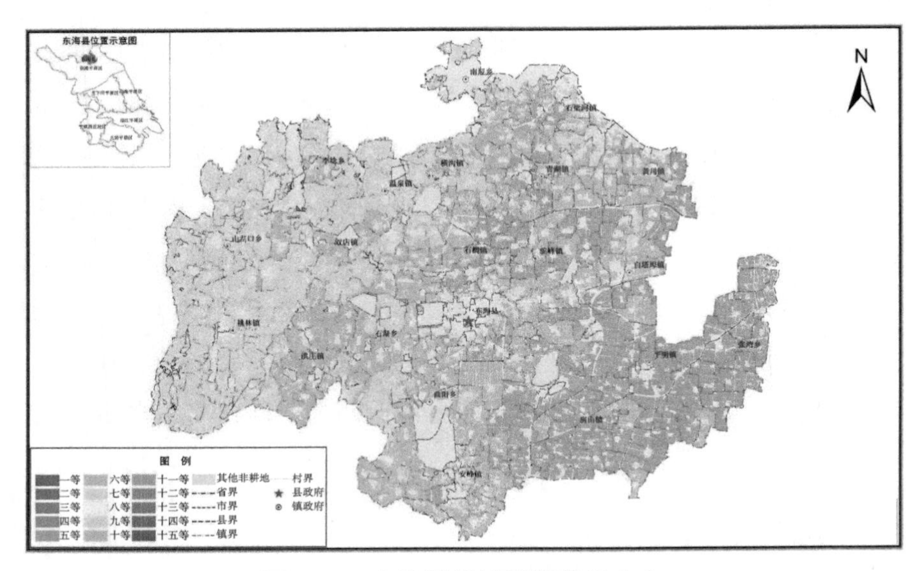

图 6–1　东海县耕地质量等级分布

2. 气候条件

东海县属暖温带半湿润气候，日照充足，雨热同季，四季分明，适宜多种农作物生长。全年平均气温 13.8℃，最热月平均气温 25.4℃，最冷月平均气温 –3.9℃，极端最低气温 –7.5℃，极端最高气温 37.2℃。年平均日照时数 2 400 h，年平均无霜期 221 d。年平均降水量 913 mm，最大年降水量 1 345.9mm，最小年降水量 514.6 mm，最大日降水量 204.5 mm，6—8 月 3 个月份是降水集中月份，占全年降水总量的 60.4%（表 6–1）。

表 6–1　东海县多年各月降水量　（单位：mm）

月份	1月	2月	3月	4月	5月	6月	7月	8月	9月	10月	11月	12月
降水量	18.5	24.8	35.3	47.2	75.1	109.3	225.8	212.7	81.7	31.3	27.9	17.1

东海县地处淮河流域沂沭泗河下游，境内河流属沂沭河下游水系，素有“洪水走廊”之称，县域境内有2条流域性河道，即新沭河、老沭河；区域性骨干河道4条，分别为龙梁河、石安河、淮沭新河和蔷薇河；重要跨县河流有3条，分别为阿安河、安峰山水库溢洪道和前蔷薇河—卓王河；重要县域河道有17条，分别为高流河、磨山河、尤庄河、卫星河、石榴树河、石文港河、存村河、昌平河、跃进河、淮沭新渠、乌龙河、鲁兰河、安房河、白沙河、翻水站引河、马河和民主河。河湖众多，素有“百湖之县”的美称，截至2016年，全县共兴建大中小型水库72座，总库容8.9亿 m^3，其中，石梁河水库和安峰山水库分别为全省第一、第二大人工水库。全县水面面积7.32千 hm^2，占国土总面积的3.59%，水资源总量8.26亿 m^3，人均水资源占有量706 m^3。

（二）种养业发展状况

1. 种植业发展状况

随着国家对粮食种植扶持力度的不断加大，东海县粮食种植面积持续增加，加上适宜的气候条件，东海县粮食生产连续15年实现增产（表6-2）。2016年，全年粮食播种总面积159.29千 hm^2，粮食总产量114.5万t。历史角度看，东海县粮食产量一直位居连云港市第一名，在江苏省范围内也一直保持在全省第三或者第四的位置上。东海县粮食作物主要为小麦、水稻和玉米，2015年，3种作物的种植面积分别占总播种面积的44.14%、32.67%和7.42%，小麦。东海油料产量年均在4万t左右，虽然总量不够高，但也排在江苏省前列。

表6-2　东海县粮食产量及其在江苏位次变化（单位：万t）

指标	1995年	2000年	2005年	2010年	2015年	2016年
东海粮食产量	89.1	83	93.5	104.2	112.9	114.5
江苏省粮食产量	3 354.3	3 155.1	2 936.9	3 541.4	3 903.9	3 776.3
在全省位次	3	4	3	3	4	3

县内粮食作物种植布局，西部地区以种植小麦、玉米、大豆和山芋为主；东南部湖荡地区是县内稻麦周年轮作高产区；东部及东北部以稻麦轮作为主，小部分旱作地种植玉米、大豆等粮食作物；中部地区是水旱作物混作种植区，以种植小麦、水稻为主，种植玉米、大豆为辅。小麦在全县各乡镇都有种植，其中，稻茬麦占63.64%，旱茬麦占36.36%。水稻主要分布在县域东部的平明镇、张湾乡、房山镇、白塔镇、安峰镇、黄川镇、驼峰乡、牛山街道、石榴街道、青湖镇等10个乡镇街道，其面积占全县总面积的90%以上。玉米主要分布在县域中西部的桃林镇、双店镇、山左口乡、洪庄镇、石湖乡、牛山镇、曲阳乡、安峰镇、李埝乡、温泉镇、横沟乡等11个乡镇。大豆主要分布在县域西部的桃林镇、双店镇、山左口乡、洪庄镇、石湖乡、曲阳乡、李埝乡、温泉镇等8个乡镇。山芋主要分布在县域中西部丘陵地区的桃林镇、双店镇、山左口乡、李埝乡、石湖乡、温泉镇等6个乡镇。平明镇、房山镇、安峰镇、白塔埠镇4乡镇的年粮食总产量超过7万t，占全县粮食总产量的37.8%，分居全县前4位，安峰镇、曲阳乡、黄川镇3乡镇的蔬菜总播种面积占全县41.6%，分居全县前3位，石梁河镇年水果总产量占全县水果总产量的60.5%，位居全县第一（表6–3）。

表6–3　东海县各乡镇街道（场）2016年作物产量　（单位：t）

乡镇名称	小麦产量	水稻产量	玉米产量	山芋产量	豆类产量	油料产量	其他面积（万亩）	蔬菜面积（万亩）	水果产量
牛山街道	20 561	11 007	4 886	92	564	647		0.09	2 535
石榴街道	21 851	30 286	1 023		172	351	0.13	0.42	186
白塔埠镇	29 489	39 546	1 267	783	459	645	0.01	0.63	1 984
黄川镇	20 045	34 964	124	297	133	268	1.58	0.79	37
石梁河镇	15 708	18 526	2 728	335	501	4 653	0.07	0.14	49 479
青湖镇	22 915	26 992	272	294	211	3 380		0.08	3 870
温泉镇	19 206	13 061	2 139	1 042	698	4 505	0.02	0.13	2 867
双店镇	23 597	4 886	7 699	5 008	1 611	7 762	0.23	0.45	1 150

（续表）

乡镇名称	小麦产量	水稻产量	玉米产量	山芋产量	豆类产量	油料产量	其他面积（万亩）	蔬菜面积（万亩）	水果产量
桃林镇	27 047	672	23 588	636	950	8 608		0.71	10 800
洪庄镇	16 177	2 929	9 994	76	372	6797	0.08	0.36	1 835
安峰镇	35 792	34 797	9 657	188	374	670	0.01	1.51	750
房山镇	47 015	59 007	400	148	196	165	0.04	0.18	333
平明镇	53 699	106 569	200	43	89	54		0.29	1 110
驼峰乡	27 330	39 883	419		100	171	0.04	0.73	1 750
李埝乡	14 294	274	2 862	790	623	4 420	0.04	0.08	39
山左口乡	14 129	828	10 036	654	677	7 726	0.02	0.13	464
石湖乡	18 085	2 304	9 536	344	344	7 840	0.07	0.39	1 980
曲阳乡	13 596	17 239	9 241	787	595	3 868		1.36	405
张湾乡	27 205	38 075						0.22	
开发区	6 126	4 390	30	4		30		0.06	
种畜场	3 032	1 877	362		27	332			
种猪场	828	882							
李埝林场	4 140	88	1 040	515	422	922	0.86	0.05	270
东海农场	8 749	11 252							
全县合计	490 616	500 334	97503	12 036	9 118	6 3814	3.2	8.8	81 844

东海县 1978—2016 年化肥施用量逐年增加，2016 年化肥用量折纯 6.84 万 t，单位耕地面积化肥施用量 559.0kg/hm^2，超过 227.6kg/hm^2 的全国同期平均水平。房山镇单位耕地面积化肥施用量最高，达到 2 041.4kg/hm^2，降低化肥用量潜力较大（表 6-4）。

表 6-4 东海县各乡镇街道（场）2016 年化肥施用情况

乡镇	化肥使用量（t）				耕地面积（亩）	土地面积（km^2）	单位面积施用量（kg/hm^2）
	N	P_2O_5	K_2O	复合肥			
牛山街道	2 046	115	176	2 637	49 889	80.09	414
石榴街道	2 253	425	319	4 201	69 992	77.15	419.3
白塔埠镇	10 517	1 470	1 457	5 438	96 602	103.29	812.6
黄川镇	3 540	436	592	7 943	86 892	94.38	593.1

（续表）

乡镇	化肥使用量（t）				耕地面积（亩）	土地面积（km^2）	单位面积施用量（kg/hm^2）
	N	P_2O_5	K_2O	复合肥			
石梁河镇	3 805	2071	1433	3 029	61 330	101.94	672
青湖镇	398			7 992	93 680	94.06	362.4
温泉镇	2 178	1 012	456	3842	89 771	102.69	330.3
双店镇	3 160	410	1 090	4 080	113 566	117.1	326.5
桃林镇	2 687	835	691	5 681	163 167	170.88	246.3
洪庄镇	950	438	461	1 829	65 865	67.13	228.2
安峰镇	7 377	1 561	701	8 616	112 686	134.05	654.8
房山镇	26 800	2 068	5 870	33 900	141 779	149.82	2 041.4
平明镇	13 998	1 025	586	12 245	163 869	157.87	701.5
驼峰乡	3 481	385	276	6 879	95 130	104.61	473.9
李埝乡	631	374	428	2 886	70 110	72.13	251
山左口乡	2 317	491	460	4 493	84 016	88.89	377.9
石湖乡	1 469	331	299	1 015	70 946	78.29	180.6
曲阳乡	1 045	76	68	1 175	63 317	74.95	154.3
张湾乡	4 753			6 392	92 517	91.28	498.8
开发区					11 403	15.76	0
种畜场	277	18	35	260	6065	6.57	407.9
种猪场	151	21	40	160	3579	6.33	437.4
李埝林场	19	32	15	89	7666	30.25	77.8
东海农场			156	492	21395	20.15	134.1
全县合计	93 852	13 594	15 609	125 274	1 835 232	2 039.66	559

2. 畜牧业发展情况

东海县是全国商品瘦肉型猪生产基地县、全国商品猪基地县、全国秸秆养牛示范县和江苏省秸秆养畜示范县。2016 年，东海县生猪出栏 72.01 万头，猪肉产量 5.33 万 t；三禽出栏 757.32 万只，禽肉产量 1.14 万 t，禽蛋产量 4.75 万 t；畜牧业总产值 24.77 亿元，畜牧业产值占农林牧渔总产值的21.6%。东海县建有规模养殖场308个，其中，生猪203个，奶牛1个，肉牛9个，蛋鸡37个，肉鸡56个，羊2个，已建有国家级生猪标准示范场3个，省级畜牧生态健康养殖示范场25个。生猪、奶牛、肉牛、蛋鸡、肉鸡和羊的规模养殖比重分别达58.4%、96.5%、4.2%、99.1%、97.2%和0.5%，即肉牛和羊的养殖规模偏低（表6-5）。各个乡镇街道（场）畜禽养殖情况见表6-6，表中数据显示，生猪、大牲畜、三禽、兔及羊，各个乡镇均有养殖。其中，房山镇、温泉镇、石梁河镇是生猪养殖大镇，3镇生猪存栏量占全县26.9%，李埝乡、桃林镇、山左口乡、洪庄镇是大牲畜养殖大镇，4镇大牲畜存栏量占全县53.9%，白塔埠镇、李埝乡、石梁河镇是三禽养殖大镇，3镇大牲畜存栏量占全县40.8%。对比种植业大镇，可见养殖业和种植业发展并不同步。

表6-5 东海县肉产量在江苏位次变化 （单位：万t）

指标	1995年	2000年	2005年	2010年	2015年	2016年
东海肉类产量	7.2	5.8	6.6	7.3	7.5	7.4
江苏省肉类产量	317	302.4	345.9	365.8	428.9	403.7
在全省位次	10	17	14	11	15	15

表6-6 2016年东海县各乡镇街道（场）畜禽养殖情况

（单位：头、只）

乡镇名称	生猪存栏	大牲畜存栏	三禽存栏	兔存栏	羊存栏
牛山街道	20 000	786	270 000	1 200	5 200
石榴街道	30 700	4 324	250 000	32 000	3 700
白塔埠镇	26 500	1 497	2 050 000		2 000
黄川镇	11 500	2 094	570 000	3 000	4 100
石梁河镇	40 400	3 628	1 000 000	37 800	20 700
青湖镇	18 700	3 761	560 000	22 100	7 700
温泉镇	42 000	17 731	350 000	39 800	14 600

（续表）

乡镇名称	生猪存栏	大牲畜存栏（头）	三禽存栏	兔存栏	羊存栏
双店镇	25 600	16 118	340 000	16 300	18 400
桃林镇	21 300	24 417	850 000	28 900	28 300
洪庄镇	28 800	19 087	540 000	14 800	17 300
安峰镇	12 300	2 573	250 000	27 600	9 900
房山镇	57 400	2 410	470 000	73 000	9 200
平明镇	11 300	1 617	120 000	9 600	5 700
驼峰乡	30 500	1 039	200 000	63 300	5 600
李埝乡	31 500	28 372	1 180 000	4 000	29 000
山左口乡	21 900	19 939	300 000	73 100	21 500
石湖乡	11 600	13 123	570 000	25 600	14 600
曲阳乡	18 600	5 921	340 000	41 200	12 200
张湾乡	14 900	1 749	90 000	16 300	5 700
李埝林场	17 300	181	20 000		6 100
种畜场	15 900		30 000	32 200	
种猪场	8 800		30 000		
东海农场	3 000				
全县合计	520 500	170 367	10 380 000	561 800	241 500

二、东海县种养结合测算结果与建议

（一）测算方法与结果

按照2016年各乡镇畜牧业和作物生产统计数据，利用公式2-1至公式2-4计算出了各乡镇街道（场）不同区域氮养分投入与输出情况（表6-7）。全县有机肥资源氮养分量为21 349.5 t，畜禽粪尿可提供氮养分量为18 022.5 t，秸秆还田可提供氮养分量为3 327.6 t，全县化肥氮养分投入量为38 835.7 t，单位耕地面积承载的粪尿氮平均为199.0 kg N/hm^2、承载的化肥氮平均为251.2 kg N/hm^2，有机肥氮投入量占总养分投入量平均为0.5，氮养分平衡为5.6%，即低于允许的20%，即全县氮投入量在较为合理的范围内，故测算时候β=1.1。

表6-7　东海县各乡镇街道（场）2016年不同源氮投入及输出量

（单位：t）

乡镇名称	化肥N投入量	粪尿N产生量	秸秆还田N带入量	生物固氮量	N总投入量	作物N吸收量	N总输出量
牛山街道	837.6	387.8	93.5	17.4	1 336.3	907	1 442.1
石榴街道	1 047	643.2	143.9	7.6	1 841.6	1 150.7	1 867.2
白塔埠镇	3 525.6	1 113.6	191.1	16.7	4 847	1 573.7	3 670.6
黄川镇	1 774	445	217.6	5.3	2 441.8	1 339.4	2 359.9
石梁河镇	1 377.6	1 096.3	115.3	14.4	2 603.6	1 297.6	2 315.2
青湖镇	881.5	615.8	128	13.6	1 638.8	1 197.5	1 823
温泉镇	991.1	1 407.7	107.4	33.4	2 539.4	1 061.1	1 979
双店镇	1 294.3	1 168.1	162	72.8	2 697.2	1 539.2	2 536.8
桃林镇	1 313.1	1 693.8	210.7	47	3 264.6	2 037.3	3 202
洪庄镇	447	1 388.4	123.7	16.7	1 975.8	1 184.4	1 824.4
安峰镇	2 934.3	397.5	263.1	12.1	3 607	2 075.2	3 661.6
房山镇	10 909.8	993.8	241.4	6.1	12 151.1	2 101.9	7 854.9
平明镇	5 173.7	272.3	363.2	2.3	5 811.4	2 968.3	5 636.8
驼峰乡	1 654.9	510.8	185.7	4.5	2 355.9	1 471.5	2 452.2
李埝乡	457.5	2 084.8	68.2	29.6	2 640.1	735.7	1 589.9
山左口乡	1 093.3	1 295.9	107.9	30.3	2 527.4	1 113	2 048.5
石湖乡	517	951.9	130.3	15.2	1 614.4	1 270.8	1 814.9
曲阳乡	411.3	652.2	185.2	29.6	1 278.2	1 409.9	1 811.2
张湾乡	1 971.4	309.6	151.4	0	2 432.4	1 278.6	2 357.2
开发区	0	0	25.5	0	25.5	231.7	231.7
种畜场	104.1	247.5	13.1	1.5	366.2	130.8	257
种猪场	58.5	200.9	3.7	0	263	33.2	122.8
李埝林场	14	111.5	52.5	13.6	191.6	290.3	330.7
东海农场	47.3	34.3	42.9	0	124.5	379.5	413.4
全县合计	38 835.7	18 022.5	3 327	389.6	60 574.8	28 778.4	53 603

全县各乡镇街道有机肥氮投入量占总养分投入量变化范围为0.10~1.00，故本文分别设定 α=0.5、0.4、0.3 和 0.2，也就是在等氮条件下，有机肥氮投入量分别替代化肥氮 50%、40%、30% 和 20%，利用公式 2-5 至公式 2-8 计算出了全县不同乡镇街道（场）的有机肥氮需求量（表 6-8）以及相应地化肥氮需求量（表 6-9）。和上述章节相似，本文仍设定了秸秆还田和非秸秆还田两种情况，即使东海县实际上秸秆还田十分普遍。

表 6-8　东海县各乡镇街道（场）2016 年粪尿氮需求量（单位：t）

乡镇名称	α=0.5		α=0.4		α=0.3		α=0.2	
	忽略秸秆还田	秸秆还田	忽略秸秆还田	秸秆还田	忽略秸秆还田	秸秆还田	忽略秸秆还田	秸秆还田
牛山街道	875.3	791.8	728.8	708.3	525.2	510.3	396.9	385.7
石榴街道	1 123.4	994.9	935.5	903.2	674	650.8	509.4	491.8
白塔埠镇	1 530.7	1 360.1	1 274.6	1 231.8	918.4	887.6	694.1	670.8
黄川镇	1 310.8	1 116.5	1 091.5	1 043.8	786.5	752.1	594.4	568.4
石梁河镇	1 261.5	1 158.6	1 050.5	1 025.1	756.9	738.6	572	558.2
青湖镇	1 164	1 049.7	969.3	941	698.4	678	527.8	512.4
温泉镇	1 012.4	916.5	843	820	607.4	590.8	459.1	446.5
双店镇	1 446.8	1 302.1	1 204.7	1 170.5	868.1	843.4	656	637.4
桃林镇	1 958.9	1 770.9	1 631.2	1 584.3	1 175.4	1 141.5	888.3	862.7
洪庄镇	1 148.4	1 037.9	956.3	929.2	689.0	669.5	520.7	506
安峰镇	2 027.3	1 792.4	1 688.1	1 629	1 216.4	1 173.8	919.2	887.1
房山镇	2 058.9	1 843.4	1 714.5	1 660.3	1 235.4	1 196.3	933.6	904.1
平明镇	2 913.3	2 589	2 425.9	2 342.5	1 748	1 687.9	1321	1 275.6
驼峰乡	1 441.1	1 275.4	1 200.1	1 158.3	864.7	834.6	653.5	630.7
李埝乡	696.2	635.3	579.7	565.7	417.7	407.6	315.7	308
山左口乡	1 066.1	969.8	887.8	864.3	639.7	622.8	483.4	470.7
石湖乡	1 234.5	1 118.2	1 028	999.8	740.7	720.4	559.8	544.4
曲阳乡	1 358.3	1 193	1 131.1	1 089.5	815	785	615.9	593.3
张湾乡	1 255.8	1 120.6	1 045.7	1 011.5	753.5	728.8	569.4	550.8
开发区	227.6	204.8	189.5	183.9	136.6	132.5	103.2	100.2
种畜场	127.1	115.4	105.8	103	76.2	74.2	57.6	56.1
种猪场	32.7	29.4	27.2	26.4	19.6	19	14.8	14.4
李埝林场	272.9	226.1	227.3	216.6	163.8	156.1	123.8	117.9
东海农场	372.7	334.4	310.4	300.7	223.6	216.7	169	163.7
全县合计	27 916.7	24 946.1	23 246.6	22 508.8	16 750	16 218.4	12 658.6	12 256.8

表 6-9 东海县各乡镇街道（场）2016 年化肥氮需求量（单位：t）

乡镇名称	化肥氮需求量				化肥氮调整量			
	α=0.5	α=0.4	α=0.3	α=0.2	α=0.5	α=0.4	α=0.3	α=0.2
牛山街道	1 029.8	1 295.6	1 588.3	1 912.5	37.7	255.7	387.8	749.9
石榴街道	1 320.5	1 661.2	2 036.7	2 452.3	76.4	356.2	525.8	990.6
白塔埠镇	1 799.7	2 264.2	2 775.9	3 342.4	−1 995	−1 613.7	−1 382.7	−749.4
黄川镇	1 540.4	1 937.9	2 375.9	2 860.7	−463.2	−136.7	61.1	603.4
石梁河镇	1 483.4	1 866.2	2 287.9	2 754.8	−116	198.2	388.6	910.6
青湖镇	1 368.7	1 721.9	2 111	2 541.8	282.5	572.4	748.1	1 229.7
温泉镇	1 192.3	1 500	1 839	2 214.3	21.3	273.5	426.3	845.2
双店镇	1 706.1	2 146.3	2 631.4	3 168.4	152.4	512.8	731.1	1 329.8
桃林镇	2 305.5	2 900.5	3 556	4 281.7	645.8	1 133.8	1 429.4	2 240
洪庄镇	1 350.6	1 699.1	2 083.1	2 508.2	701.4	987.4	1 160.7	1 635.9
安峰镇	2 382.7	2 997.7	3 675.1	4 425.1	−907.1	−402.1	−96.2	742.7
房山镇	2 419.4	3 043.8	3 731.7	4 493.2	−8 850.9	−8 338.1	−8 027.3	−7 175.4
平明镇	3 422.8	4 306.1	5 279.2	6 356.6	−2 260.4	−1 534.7	−1 095	110.4
驼峰乡	1 693.5	2 130.5	2 612	3 145.0	−213.8	145.2	362.7	959
李埝乡	820.5	1 032.3	1 265.5	1 523.8	238.8	412.2	517.2	805.3
山左口乡	1 255.1	1 579	1 935.9	2 331.0	−27.2	238.3	399.2	840.4
石湖乡	1 451.7	1 826.3	2 239.1	2 696.0	717.6	1 025	1 211.4	1 722.2
曲阳乡	1 598.4	2 010.8	2 465.3	2 968.4	947	1 285.3	1 490.3	2 052.4
张湾乡	1 475.3	1 856	2 275.5	2 739.9	−715.6	−402.8	−213.3	306.3
开发区	267.4	336.4	412.4	496.5	227.6	284.3	318.6	412.8
种畜场	149.4	188	230.5	277.5	23	54.6	73.8	126.4
种猪场	38.4	48.3	59.2	71.2	−25.8	−17.7	−12.8	0.7
李埝林场	321.8	404.9	496.4	597.7	259	326.9	368.1	481.1
东海农场	437.9	550.9	675.4	813.2	325.5	418.3	474.5	628.8
全县合计	27 916.7	34 869.9	39 083.3	50 634.3	−10 919.1	−3 965.8	247.6	11 798.5

注：①化肥氮调整量 =2016 年化肥氮实际用量 – 化肥氮需求量；②“–”表示化肥氮投入量较少，否则增加。

表 6-8，表 6-9 数据显示，在等氮条件下，有机肥氮投入量

替代化肥氮50%、40%时，测算的粪尿氮需求量均高于或者相当于2016年粪尿氮产生量（18 022.5 t），有机肥氮投入量替代化肥氮30%、20%时，测算的粪尿氮需求量才小于2016年粪尿氮产生量，这意味着粪尿有机肥还田潜力还存在较大空间。在等氮条件下，有机肥氮投入量替代化肥氮50%、40%、30%、20%时，考虑秸秆还田及秸秆不还田情况下各个乡镇畜禽养殖数量的变化情况（表6-10）。表中数据显示，温泉镇、洪庄镇、李埝乡、山左口乡等西部岗岭区以及种畜场、种猪场在有机肥但投入量替代化肥氮所有比率中，养殖数量均应该有所调减，李埝乡和温泉镇调减数量分列前两位；石梁河镇有机肥氮投入量替代化肥氮40%、30%、20%时，畜禽养殖数量应该调减；黄川镇、安峰镇、平明镇、驼峰镇、张湾镇、房山镇（有机肥氮投入量替代化肥氮20%除外）等5个东部湖洼农业区畜禽养殖数量可以适当增加。有机肥氮投入量替代化肥氮30%、20%时，东海县现有畜禽养殖数量应该减少，但粪污资源商品化，出境销售后，养殖数量变化另行考虑。

表6-10　2016年东海县各乡镇街道（场）畜禽养殖调整量

（单位：猪单位、万头）

乡镇名称	α=0.5		α=0.4		α=0.3		α=0.2	
	忽略秸秆还田	秸秆还田	忽略秸秆还田	秸秆还田	忽略秸秆还田	秸秆还田	忽略秸秆还田	秸秆还田
牛山街道	4.3	3.5	3	2.8	1.2	1.1	0.1	-0
石榴街道	4.2	3.1	2.6	2.3	0.3	0.1	-1.2	-1.3
白塔埠镇	3.6	2.2	1.4	1	-1.7	-2	-3.7	-3.9
黄川镇	7.6	5.9	5.7	5.2	3	2.7	1.3	1.1
石梁河镇	1.4	0.5	-0.4	-0.6	-3	-3.1	-4.6	-4.7
青湖镇	4.8	3.8	3.1	2.8	0.7	0.5	-0.8	-0.9
温泉镇	-3.5	-4.3	-4.9	-5.1	-7	-7.1	-8.3	-8.4
双店镇	2.4	1.2	0.3	0	-2.6	-2.8	-4.5	-4.6

（续表）

乡镇名称	α=0.5		α=0.4		α=0.3		α=0.2	
	忽略秸秆还田	秸秆还田	忽略秸秆还田	秸秆还田	忽略秸秆还田	秸秆还田	忽略秸秆还田	秸秆还田
桃林镇	2.3	0.7	−0.5	−1	−4.5	−4.8	−7	−7.3
洪庄镇	−2.1	−3.1	−3.8	−4	−6.1	−6.3	−7.6	−7.7
安峰镇	14.2	12.2	11.3	10.8	7.2	6.8	4.6	4.3
房山镇	9.3	7.4	6.3	5.8	2.1	1.8	−0.5	−0.8
平明镇	23.1	20.3	18.8	18.1	12.9	12.4	9.2	8.8
驼峰乡	8.1	6.7	6	5.7	3.1	2.8	1.2	1
李埝乡	−12.1	−12.7	−13.2	−13.3	−14.6	−14.7	−15.5	−15.5
山左口乡	−2	−2.9	−3.6	−3.8	−5.7	−5.9	−7.1	−7.2
石湖乡	2.5	1.5	0.7	0.4	−1.8	−2	−3.4	−3.6
曲阳乡	6.2	4.7	4.2	3.8	1.4	1.2	−0.3	−0.5
张湾乡	8.3	7.1	6.4	6.1	3.9	3.7	2.3	2.1
开发区	2	1.8	1.7	1.6	1.2	1.2	0.9	0.9
种畜场	−1.1	−1.2	−1.2	−1.3	−1.5	−1.5	−1.7	−1.7
种猪场	−1.5	−1.5	−1.5	−1.5	−1.6	−1.6	−1.6	−1.6
李埝林场	1.4	1	1	0.9	0.5	0.4	0.1	0.1
东海农场	3	2.6	2.4	2.3	1.7	1.6	1.2	1.1
全县合计	86.5	60.5	45.7	39.2	−11.1	−15.8	−46.9	−50.4

注：①畜禽养殖调整量 =2016 年实际畜禽养殖量 – 测算的畜禽养殖量；②“–”表示畜禽养殖量较少，否则增加。

表 6–7，表 6–8 数据还表明，在等氮条件下，有机肥氮投入量替代化肥氮 50%、40%，测算的化肥氮用量均低于 2016 年化肥氮实际用量（38 835.7 t）；而当有机肥氮投入量替代化肥氮 30% 时，测算的化肥氮用量与实际化肥氮用量基本相同；替代比率 20% 时，测算的化肥氮用量均低于 2016 年化肥氮实际用量。从表 6–9 中可以看出，在等氮条件下，有机肥氮投入量替代化肥氮 50%、40% 和 30% 时，房山镇、白塔埠镇、张湾乡、安峰镇、平明镇等东部湖洼农业区

的化肥氮用量可以适当减少，且房山镇、白塔埠镇分列减少潜力前2位，可见应该在东部湖洼农业区大力推广化肥减施增效技术；曲阳乡、石湖乡、洪庄镇、桃林镇、青湖镇、双店镇、李埝乡等西部岗岭区以及种畜场、李埝林场化肥氮投入量应该适当增加，其中曲阳乡、石湖乡和洪庄镇等增加数量位居前3名，增加数量应该不超过测算的化肥氮用量。

（二）种养结合建议

各个乡镇应该根据各自的耕地畜禽粪污承载能力，合理确定畜禽养殖规模，或者基于县域内耕地畜禽承载力，在养殖区域内建设规模化养殖场（养殖小区）实现规模化养殖，粪污集中处理，粪污处理厂家应该加强科技创新，提供普通有机肥、生物有机肥、有机无机复混肥、液体有机肥、土壤调理剂等，满足不同用户需求。

为了更好地实现种养结合，各个乡镇街道的规模化养殖场应该按照相关规定，设计建设堆肥厂以及尿液（废水）储存池，在65个大型养殖场（生猪、奶牛和肉牛大型养殖场分别为58、1和6家）建议建设提升沼气池，分散养殖户也应该进行堆肥处理及粪尿储存池。

从表6-1可以看出，东海县的雨季主要是每年6—8月，此时施用有机肥容易导致养分流失，污染地表水体，因此建议该区域施用有机肥的时间在每年9月至翌年的5月，此段时间也是该区域秋季整地播种和春季整地播种时期，可施用固体有机肥，液态有机肥一年四季在干旱时期均可施用。当然设施栽培由于受天气影响小，可以在整地前施用有机肥以及作物生育期内施用液体有机肥。

就目前东海县规模化养殖情况来看，还应该提高生猪、肉牛和羊的规模化养殖比率，尤其是肉牛和羊规模化养殖比率；根据当地实际生产条件，在肉牛和羊养殖数量较多的石梁河镇、桃林镇、山左口镇、李埝乡、双店镇和洪庄镇规划建设养殖小区，实现集中饲养、集中收集粪污、集中进行处理。

从上述分析可以看出，不论是东海县域内在有机肥氮投入量替代化肥氮50%、40%时的畜禽养殖数量可以适当增加，还是30%、20%时候的畜禽养殖数量应该有所调减，西部岗岭农业区都是有机肥源输出区域，而东部湖洼农业区都是有机肥源的输入区域，中部平坡农业区的畜禽养殖粪污基本能够就地消纳，为了更好地利用畜禽养殖粪污资源，应该规划设计建设有机肥生产厂。建议有机肥厂建设在李埝乡和洪庄镇，温泉镇由于距离县城较近、又是东海温泉所在地，该区域养殖规模应该调减到种养结合平衡，不规划建设有机肥厂，建在李埝镇的有机肥厂可以处理李埝乡、温泉镇的养殖粪污，建在洪庄镇的有机肥厂可以处理洪庄镇、山左口乡的养殖粪污。洪庄镇有机肥生产厂周边乡镇，畜禽超载规模在24万头猪单位，据测算，年可生产有机肥8.2万t，考虑可为有机肥厂周边养殖场提供服务，建议建设规模控制在年产量10万t；李埝乡有机肥生产厂周边乡镇，畜禽超载规模在22万头猪单位，据测算，年可生产有机肥7.5万t，考虑可为有机肥厂周边养殖场提供服务，建议建设规模控制在年产量10万t。

参考文献

常志州，靳红梅，黄红英，等，2013. 畜禽养殖场粪便清扫、堆积及处理单元氮损失率研究［J］. 农业环境科学学报，32（5）：1068–1077.

陈斌玺，刘俊专，吴银宝，等，2012. 海南省农地土壤畜禽粪便承载力和养殖环境容量分析［J］. 家畜生态学报，33（6）：78–84.

陈天宝，万昭军，付茂忠，等，2012. 基于氮素循环的耕地畜禽承载能力评估模型建立与应用［J］. 农业工程学报，28（2）：191–195.

仇焕广，莫海霞，白军飞，等，2012. 中国农村畜禽粪便处理方式及其影响因素——基于五省调查数据的实证分析［J］. 中国农村经济，3：78–87.

畜禽粪便还田技术规范（GB/T 25246—2010），北京：中国标准出版社 .

《畜禽粪便农田利用环境影响评价准则》（GB/T 26622—2011）.

《畜禽规模养殖污染防治条例》（国务院令〔2013〕）第 643 号 .

《畜禽养殖业污染治理工程技术规范》（HJ 497—2009）.

崔新卫，张杨珠，高菊生，等，2019. 长期不同施肥处理对红壤稻田土壤性质及晚稻产量与品质的影响［J］. 华北农学报，34（6）：190–197.

丁英，王飞，贾登泉，等，2014. 有机肥对土壤培肥作用长期定位研究［J］. 新疆农业科学，51（10）：1857–1861.

段勇，张玉珍，李延风，等，2007. 闽江流域畜禽粪便的污染负荷及其环境风险评价［J］. 生态与农村环境学报（3）：55–59.

范业成，陶其骤，叶厚专，等，1991. 有机无机肥配施改土增产效果定位研究［J］. 江西农业学报，3（2）：104–111.

冯倩，许小华，刘聚涛，等，2014. 鄱阳湖生态经济区畜禽养殖污染负荷分析［J］. 生态与农村环境学报，30（2）：162–166.

富兰克林・H・金著，程存旺，石嫣译，2015. 四千年农夫［M］. 北京：东

方出版社 .

耿维，胡林，崔建宇，等，2013. 中国区域畜禽粪便能源潜力及总量控制研究［J］. 农业工程学报，29（1）：171-179.

郭莹，王一明，巫攀，等，2019. 长期施用粪肥对水稻土中微生物群落功能多样性的影响 . 应用与环境生物学报，25(3):593-602.

国家环保总局 . 关于减免家禽业排污费等有关问题的通知：环发［2004］43 号［EB/OL］. 2004-03-15. http://www.zhb.gov.cn/gkml/zj/wj/200910/t20091022_172271.htm.

国家环境保护总局自然生态保护司，2002. 全国规模化畜禽养殖业污染情况调查及防治对策［M］. 北京：中国环境科学出版社 .

国务院办公厅 . 关于加快推进畜禽养殖废弃物资源化利用的意见（国办发〔2017〕48 号）.

黄绍文，唐继伟，张怀志，等，2017. 基于发育阶段的设施黄瓜水肥一体化技术［J］. 中国蔬菜，37（5）：82-84.

李季，彭生平，2011. 堆肥工程实用手册［M］2 版 . 北京：化学工业出版社 .

李书田，金继运，2011. 中国不同区域农田养分输入输出与平衡［J］. 中国农业科学，44（20）：4 207-4 229.

刘春柱，侯萌，张晴，等，2017. 长期施入不同量有机肥对农田黑土土壤养分、产量的影响［J］. 中国农学通报，33（8）:68-71.

刘红江，蒋华伟，孙国峰，等，2017. 有机—无机肥不同配施比例对水稻氮素吸收利用率的影响［J］. 中国土壤与肥料，5：60-66.

刘宏斌，曲克明，武淑霞，2019. 中国农业面源污染防治战略研究［M］. 北京：中国农业出版社 .

刘骅，王西和，张夫道，等，2008. 不同肥料长期配施对春小麦产量和品质的影响［J］. 新疆农业科学，45（4）：695-699.

刘善勇，董霞，朱淑仙，等，2013. 肥配施比例对沿黄稻区水稻产量的影响［J］. 山东农业科学，45（8）：90-93.

鲁如坤，时正元，施建平，2000. 我国南方 6 省农田养分平衡现状评价及动态变化研究［J］. 中国农业科学，33（2）：63-67.

牛俊玲，秦莉，郑宾国，等，2008. 河南省规模化养殖发展中的耕地污染负荷及风险评价——以河南省长垣县为例［J］. 农业环境科学学报，27（5）：2 105-2 108.

农业部 . 畜禽粪污资源化利用行动方案（2017—2020 年）.

农业部办公厅 . 关于印发《畜禽粪污土地承载力测算技术指南》的通知：农办牧［2018］1 号［EB/OL］. 2018-01-22.http://www.moa.gov.cn/gk/tzgg_1/tfw/201801/t20180122_6135486.htm.

农业部畜牧业司 . 农业部关于促进南方水网地区生猪养殖布局调整优化的指导意见：农牧发［2015］11 号［EB/OL］. 2015-11-27. http://www.moa.gov.cn/govpublic/XMYS/201511/t20151127_4917216.htm.

农业农村部办公厅、生态环境部办公厅《关于促进畜禽粪污还田利用依法加强养殖污染治理的指导意见》农办牧〔2019〕84 号 .

潘丹，2016. 鄱阳湖生态经济区畜禽养殖土壤环境承载力及污染风险研究［J］. 水土保持通报，36（2）：254-259.

潘瑜春，孙超，刘玉，等，2015. 基于土地消纳粪便能力的畜禽养殖承载力［J］. 农业工程学报，31（4）：232-239.

沈根祥，汪雅谷，袁大伟，1994. 上海市郊农田畜禽粪便负荷量及其警报与分级［J］. 上海农业学报（S1）：6-11.

史瑞祥，薛科社，周振亚，2017. 基于耕地消纳的畜禽粪便环境承载力分析——以安康市为例［J］. 中国农业资源与区划，38（6）：55-62.

谭力彰，黎炜彬，黄思怡，等，2018. 长期有机无机肥配施对双季稻产量及氮肥利用率的影响［J］. 湖南农业大学学报（自然科学版），44（2）：188-192.

唐继伟，徐久凯，温延臣，等，2019. 长期单施有机肥和化肥对土壤养分和小麦产量的影响［J］. 植物营养与肥料学报，25（11）：1 827-1 834.

王方浩，马文奇，窦争霞，等，2006. 便产生量估算及环境效应［J］. 中国环境科学，26（5）614-617.

王亚娟，刘小鹏，2015. 禽粪便负荷及环境风险评价［J］. 干旱区资源与环境，29（8）：115-119.

王滢，罗建美，宋海鸥，等，2017. 秦皇岛市畜禽粪便农田负荷量估算及环境风险评价［J］. 家畜生态学报，38（6）：50-54.

武兰芳，欧阳竹，谢小立，2013. 我国典型农区耕地承载畜禽容量对比分析［J］. 自然资源学报，28（1）:104-113.

武淑霞，刘宏斌，黄宏坤，等，2018. 我国畜禽养殖粪污产生量及其资源化分析［J］. 中国工程科学，20（5）：103-111.

阎波杰，赵春江，潘瑜春，等，2010. 大兴区农用地畜禽粪便氮负荷估算及污染风险评价［J］. 环境科学，31（2）：437-443.

杨军香，王合亮，焦洪超，等，2016. 不同种植模式下的土地适宜载畜量［J］. 中国农业科学，49（2）：339-347.

杨世琦，刘晨峰，2016. 规模化畜禽养殖的农田消纳能力评估方法与案例研究［M］. 北京：中国农业科学技术出版社.

姚升，王光宇，2016. 基于分区视角的畜禽养殖粪便农田负荷量估算及预警分析［J］. 华中农业大学学报（社会科学版）（1）：72-84，130.

易秀，叶凌枫，刘意竹，等，2015. 陕西省畜禽粪便负荷量估算及环境承受程度风险评价［J］. 干旱地区农业研究，33（3）：205-210.

张怀志，李全新，岳现录，等，2014. 区域农田畜禽承载量预测模型构 建与应用：以赤峰市为例［J］. 生态与农村环境学报，30（5）：576-580.

张怀志，李全新，周振亚，2016. 长江中游水网地区生猪养殖废物污染治理利用技术调查分析［J］. 中国农业信息（11）：4-6.

张乃弟，沙茜，2011. 土地消纳畜禽粪污容量的初步分析［J］. 环境科学与技术，34（S1）：128-130，242.

赵明，蔡葵，王文娇，等. 有机化肥配施对番茄产量和品质的影响［J］. 山东农业科学，41（12）：90-93.

郑凤霞，董树亭，刘鹏，等，2017. 长期有机无机肥配施对冬小麦籽粒产量及氨挥发损失的影响［J］. 植物营养与肥料学报，23（3）：567-577.

中国河网密度分布呈现出的区域差异性，https://www.osgeo.cn/post/c9d15.

中国牧区，半农半牧区县旗一览表 . http://www.gov.cn/test/2006-07/14/content_335844.htm.

中国农业科学院农业环境与可持续发展研究所，环境保护部南京环境科学研究所［EB/OL］. 第一次全国污染普查畜禽养殖业源产排污系数手册 . https://wenku.baidu.com/view/c1ee9509581b6bd97f19ea00.html.

中华人民共和国环境保护部，中华人民共和国国家统计局，中华人民共和国农业部［EB/OL］. 第一次全国污染源普查公报 . http://www.stats.gov.cn/tjsj/tjgb/qttjgb/qgqttjgb/201002/t20100211_30641.html.

中华人民共和国农业部办公厅 . 畜禽粪污土地承载力测算技术指南中华人民共和国统计局［EB/OL］. 1999—2016 中国统计年鉴 .［2017-8-24］. http://www.stats.gov.cn/tjsj/ndsj/.

种养结合循环农业示范工程建设规划（2017—2020 年）.

朱宝国，于忠和，王因因，等，2010. 有机肥和化肥不同比例配施对大豆产量和品质的影响［J］. 大豆科学，29（1）: 97-100.

朱建春，张增强，樊志民，等，2014. 中国畜禽粪便的能源潜力与氮磷耕地负荷及总量控制［J］. 农业环境科学学报，33（3）: 435-445.

Johanna S, Lawrence B, Hugh C J, 2007 Whole-System Phosphorus Balances as a Practical Tool for Lake Management［J］. Ecology Engineering , 29（3）: 294-304.

Li H P, Yu B, 2013. Numerical Study of Regional Environmental Carrying Capacity for Livestock and Poultry Farming Based on Planting-Breeding Balance［J］. Journal of Environment Science, 25（9）: 1 882-1 889.

Meng Q F, Zhang J, Li X L, et al. 2017. Soil quality as affected by long-term cattle manure application in solonetzic soils of Songnen Plain. Transactions of the Chinese Society of Agricultural Engineering, 33（6）: 84-91.

Sven G S, Morten L C, Thomas S, et al , 2013.Animal Manure: Recycling Treatment and Management［M］. John Wiley and Sons Ltd.

附　件

附件1　全国分区涉及的省县名单情况表

区域名	省（区、市）	县、县级市、区、旗名称
东北区	黑龙江省	道里区、南岗区、道外区、香坊区、平房区、松北区、呼兰区、阿城区、双城区、依兰县、方正县、宾县、巴彦县、木兰县、通河县、延寿县、尚志市、五常市（哈尔滨市），龙沙区、建华区、铁锋区、昂昂溪区、富拉尔基区、碾子山区、梅里斯达斡尔族区、依安县、克山县、克东县、拜泉县、讷河市（齐齐哈尔市），鸡冠区、恒山区、滴道区、梨树区、城子河区、麻山区、鸡东县、虎林市、密山市（鸡西市），向阳区、工农区、南山区、兴安区、东山区、兴山区、萝北县、绥滨县（鹤岗市），尖山区、岭东区、四方台区、宝山区、集贤县、友谊县、宝清县、饶河县（双鸭山市），萨尔图区、龙凤区、让胡路区、红岗区、大同区，伊春区、南岔县、友好区、西林区、翠峦区、新青区、伊美区、金林区、丰林县、乌翠区、汤旺县、大箐山区、乌伊岭区、红星区、上甘岭区、嘉荫县、铁力市（伊春市），向阳区、前进区、东风区、佳木斯市郊区、桦南县、桦川县、汤原县、富锦市、抚远市（佳木斯市），新兴区、桃山区、茄子河区、勃利县、金沙新区（七台河市），东安区、阳明区、爱民区、西安区、林口县、绥芬河市、海林市、宁安市、穆棱市、东宁市（牡丹江市），爱辉区、嫩江市、逊克县、孙吴县、北安市、五大连池市、五大连池景区（黑河市），北林区、望奎县、庆安县、绥棱县、海伦市（绥化市），加格达奇区、松岭区、新林区、呼中区、呼玛县、塔河县、漠河市（大兴安岭地区）
	吉林省	南关区、宽城区、朝阳区、二道区、绿园区、双阳区、九台区、农安县、榆树市、德惠市、净月区、高新区（长春市），昌邑区、龙潭区、船营区、丰满区、永吉县、蛟河市、桦甸市、舒兰市、磐石市（吉林市），铁西区、铁东区、梨树县、伊通满族自治县、公主岭市、双辽市（四平市），龙山区、西安区、东丰县、东辽县（辽源市），东昌区、二道江区、通化县、辉南县、柳河县、梅河口市、集安市（通化市），浑江区、江源区、抚松县、靖宇县、长白朝鲜族自治县、临江市（白山市），宁江区、扶余市（松原市），洮北区、延吉市、图们市、敦化市、珲春市、龙井市、和龙市、汪清县、安图县（延边州）

（续表）

区域名	省（区、市）	县、县级市、区、旗名称
	辽宁省	和平区、沈河区、大东区、皇姑区、铁西区、苏家屯区、浑南区、沈北新区、于洪区、辽中区、法库县、新民市（沭阳市）中山区、西岗区、沙河口区、甘井子区、旅顺口区、金州区、普兰店区、长海县、保税区、瓦房店市、庄河市、长兴岛（大连市），铁东区、铁西区、立山区、千山区、台安县、岫岩满族自治县、海城市（鞍山市），新抚区、东洲区、望花区、顺城区、抚顺县、新宾满族自治县、清原满族自治县（抚顺市），平山区、溪湖区、明山区、南芬区、开发区、本溪满族自治县、桓仁满族自治县（本溪市），元宝区、振兴区、振安区、宽甸满族自治县、东港市、凤城市（丹东市），古塔区、凌河区、太和区、黑山县、义县、凌海市、北镇市（锦州市），站前区、西市区、鲅鱼圈区、老边区、盖州市、大石桥市（营口市），海州区、新邱区、太平区、清河门区、细河区（阜新市），白塔区、文圣区、宏伟区、弓长岭区、太子河区、辽阳县、灯塔市（辽阳市），双台子区、兴隆台区、大洼区、盘山县、盘锦市辽河口生态经济区、辽东湾新区（盘锦市），银州区、清河区、铁岭县、西丰县、昌图县、调兵山市、开原市（铁岭市），双塔区、龙城区、朝阳县、凌源市、葫芦岛市区、连山区、龙港区、南票区、绥中县、建昌县、兴城市（朝阳市）
北方农牧交错带	内蒙古自治区	敖汉旗、林西县、开鲁县、库伦旗、奈曼旗、扎兰屯市、阿荣旗、莫力达瓦达斡尔族自治旗、东胜区、达拉特旗、准格尔旗、伊金霍洛旗、察哈尔右翼后旗、察哈尔右翼中旗、磴口县、乌拉特前旗、突泉县、科尔沁右翼前旗、扎赉特旗、太仆寺旗
	新疆维吾尔自治区	乌鲁木齐县、温宿县、沙雅县、哈密市、巴里坤哈萨克自治县、阿克陶县、博乐市、精河县、奇台县、蔚犁县、且末县、和硕县、巩留县、塔城市、额敏县
	宁夏回族自治区	同心县、海原县
	青海省	门源回族自治县、贵德县、同仁县、尖扎县
	甘肃省	永登县、永昌县、靖远县、民勤县、山丹县、环县、华池县、漳县、岷县、合作市、卓尼县、迭部县
	黑龙江省	泰来县、肇州市、林甸县、同江县、虎林县、肇东县、兰西县、明水县
	吉林省	大安市、洮南县、镇赉县、长岭县、乾安县、前郭尔罗斯蒙古族自治县、双辽市
	辽宁省	康平县、北票市、建平县、喀喇沁左翼蒙古族自治县、彰武县、阜新蒙古族自治县

（续表）

区域名	省（区、市）	县、县级市、区、旗名称
北方农牧交错带	河北省	张北县、康保县、沽源县、尚义县、丰宁满族自治县、围场满族蒙古族自治县
	山西省	右玉县
黄淮海区	北京市	东城区、西城区、朝阳区、丰台区、石景山区、海淀区、门头沟区、房山区、通州区、顺义区、昌平区、大兴区、怀柔区、平谷区、密云区、延庆区
	天津市	和平区、河东区、河西区、南开区、河北区、红桥区、东丽区、西青区、津南区、北辰区、武清区、宝坻区、滨海新区、宁河区、静海区、蓟州区
	河北省	长安区、桥西区、新华区、井陉矿区、裕华区、藁城区、鹿泉区、栾城区、井陉县、正定县、行唐县、灵寿县、高邑县、深泽县、赞皇县、辛集市、无极县、平山县、元氏县、赵县、晋州市、新乐市（石家庄市）、路南区、路北区、古冶区、开平区、丰南区、丰润区、曹妃甸区、滦州市、滦南县、乐亭县、迁西县、玉田县、遵化市、迁安市（唐山市），海港区、山海关区、北戴河区、抚宁区、青龙满族自治县、昌黎县、卢龙县（秦皇岛市），邯山区、丛台区、复兴区、峰矿区、邯郸县、临漳县、成安县、大名县、涉县、磁县、肥乡区、永年区、邱县、鸡泽县、广平县、馆陶县、魏县、曲周县、武安市（邯郸市），桥东区、桥西区、邢台县、临城县、内丘县、柏乡县、隆尧县、任县、南和县、宁晋县、巨鹿县、新河县、广宗县、平乡县、威县、清河县、临西县、南宫市、沙河市（邢台市），竞秀区、莲池区、满城区、清苑区、徐水区、涞水县、阜平县、定兴县、唐县、高阳县、容城县、涞源县、望都县、安新县、易县、曲阳县、蠡县、顺平县、博野县、雄县、涿州市、安国市、高碑店市、保定白沟新城（保定市），桥东区、桥西区、宣化区、下花园区、万全区、崇礼区、宣化县、张北县、康保县、沽源县、尚义县、蔚县、阳原县、怀安县、怀来县、涿鹿县、赤城县（张家口市），双桥区、双滦区、鹰手营子矿区、承德县、兴隆县、平泉市、滦平县、隆化县、丰宁满族自治县、宽城满族自治县、围场满族蒙古族自治县（常德市），新华区、运河区、沧县、青县、东光县、海兴县、盐山县、肃宁县、南皮县、吴桥县、献县、孟村回族自治县、泊头市、任丘市、黄骅市、河间市（沧州市），安次区、广阳区、固安县、永清县、香河县、大城县、文安县、大厂回族自治县、霸州市、三河市（廊坊市），桃城区、冀州区、枣强县、武邑县、武强县、饶阳县、安平县、故城县、景县、阜城县、深州市（衡水市），定州市

（续表）

区域名	省（区、市）	县、县级市、区、旗名称
黄淮海区		中原区、二七区、管城回族区、金水区、上街区、惠济区、中牟县、巩义市、荥阳市、新密市、新郑市、登封市（郑州市），龙亭区、顺河回族区、鼓楼区、禹王台区、金明区、祥符区、杞县、通许县、尉氏县、兰考县（开封市），老城区、西工区、瀍河回族区、涧西区、吉利区、洛龙区、孟津县、新安县、栾川县、嵩县、汝阳县、宜阳县、洛宁县、伊川县、偃师市、伊滨区（洛阳市），新华区、卫东区、石龙区、湛河区、宝丰县、叶县、鲁山县、郏县、舞钢市、汝州市（平顶山市），文峰区、北关区、殷都区、龙安区、安阳县、汤阴县、滑县、内黄县、林州市、安东新区（安阳市），鹤山区、山城区、淇滨区、浚县、淇县、开发区（鹤壁市），红旗区、卫滨区、凤泉区、牧野区、新乡县、获嘉县、原阳县、延津县、封丘县、长垣县、卫辉市、辉县（市）（新乡市），解放区、中站区、马村区、山阳区、新区、修武县、博爱县、武陟县、温县、沁阳市、孟州市、焦作新区（焦作市），华龙区、清丰县、南乐县、范县、台前县、濮阳县、濮阳高新区（濮阳市），魏都区、建安区、鄢陵县、襄城县、禹州市、长葛市、东城区（许昌市），源汇区、郾城区、召陵区、舞阳县、临颍县（漯河市），湖滨区、陕州区、渑池县、卢氏县、义马市、灵宝市（三门峡市），宛城区、卧龙区、南召县、方城县、西峡县、镇平县、内乡县、淅川县、社旗县、唐河县、新野县、桐柏县、邓州市（南阳市），梁园区、睢阳区、民权县、睢县、宁陵县、柘城县、虞城县、夏邑县、永城市（商丘市），浉河区、平桥区、罗山县、光山县、新县、商城县、固始县、潢川县、淮滨县、息县（信阳市），川汇区、扶沟县、西华县、商水县、沈丘县、郸城县、淮阳县、太康县、鹿邑县、项城市（周口市）、驿城区、西平县、上蔡县、平舆县、正阳县、确山县、泌阳县、汝南县、遂平县、新蔡县（驻马店市），济源市
		龙子湖区、蚌山区、禹会区、淮上区、怀远县、五河县、固镇县、（蚌埠市）、杜集区、相山区、烈山区、濉溪县（淮北市）、颍州区、颍东区、颍泉区、临泉县、太和县、阜南县、颍上县、界首市、开发区（阜阳市）、埇桥区、砀山县、萧县、灵璧县、泗县（宿州市）、谯城区、涡阳县、蒙城县、利辛县（亳州市）
		鼓楼区、云龙区、贾汪区、泉山区、铜山区、丰县、沛县、睢宁县、新沂市、邳州市（徐州市）、连云区、海州区、赣榆区、东海县、灌云县、灌南县、（连云港市）、淮安区、淮阴区、洪泽区、涟水县、盱眙县、金湖县（淮安市）、亭湖区、盐都区、大丰区、响水县、滨海县、阜宁县、射阳县、建湖县、东台市（盐城市）、宿城区、宿豫区、沭阳县、泗阳县、泗洪县、（宿迁市）

（续表）

区域名	省（区、市）	县、县级市、区、旗名称
黄淮海区		历下区、市中区、槐荫区、天桥区、历城区、长清区、平阴县、济阳区、商河县、章丘区、莱芜区、钢城区（济南市），市南区、市北区、西海岸新区、崂山区、李沧区、城阳区、胶州市、即墨区、平度市、莱西市（青岛市），淄川区、张店区、博山区、临淄区、周村区、桓台县、高青县、沂源县（淄博市），市中区、薛城区、峄城区、台儿庄区、山亭区、滕州市（枣庄市），东营区、河口区、垦利区、利津县、广饶县（东营市），芝罘区、福山区、牟平区、莱山区、长岛县、龙口市、莱阳市、莱州市、蓬莱市、招远市、栖霞市、海阳市（烟台市），潍城区、寒亭区、坊子区、奎文区、临朐县、昌乐县、青州市、诸城市、寿光市、安丘市、高密市、昌邑市、保税区、滨海区、峡山区（潍坊市），任城区、兖州区、微山县、鱼台县、金乡县、嘉祥县、汶上县、泗水县、梁山县、曲阜市、邹城市、太白湖区（济宁市），泰山区、岱岳区、宁阳县、东平县、新泰市、肥城市（泰安市），环翠区、文登区、荣成市、乳山市（威海市），东港区、岚山区、五莲县、莒县（日照市），兰山区、罗庄区、河东区、沂南县、郯城县、沂水县、兰陵县、费县、平邑县、莒南县、蒙阴县、临沭县（临沂市），德城区、陵城区、宁津县、庆云县、临邑县、齐河县、平原县、夏津县、武城县、乐陵市、禹城市（德州市），东昌府区、阳谷县、莘县、茌平县、东阿县、冠县、高唐县、临清市（聊城市），滨城区、沾化区、惠民县、阳信县、无棣县、博兴县、邹平市（滨州市），牡丹区、定陶区、曹县、单县、成武县、巨野县、郓城县、鄄城县、东明县（菏泽市）
长江中下游平原及成都平原区	浙江省	上城区、下城区、江干区、拱墅区、西湖区、滨江区、萧山区、余杭区、富阳区、桐庐县、淳安县、建德市、临安区、（杭州市），海曙区、江东区、江北区、北仑区、镇海区、鄞州区、象山县、宁海县、余姚市、慈溪市、奉化区（宁波市），南湖区、秀洲区、嘉善县、海盐县、海宁市、平湖市、桐乡市（嘉兴市），吴兴区、南浔区、德清县、长兴县、安吉县（湖州市），柯桥区、越城区、上虞区、新昌县、诸暨市、嵊州市（绍兴市）

（续表）

区域名	省（区、市）	县、县级市、区、旗名称
长江中下游平原及成都平原区	安徽省	瑶海区、庐阳区、蜀山区、包河区、长丰县、肥东县、肥西县、庐江县（合肥市），镜湖区、弋江区、鸠江区、三山区、芜湖县、繁昌县、南陵县、无为县（芜湖市）、大通区、田家庵区、谢家集区、八公山区、潘集区、凤台县、寿县、毛集实验区（淮南市），花山区、雨山区、博望区、当涂县、含山县、和县（马鞍山市），铜官区、义安区、郊区、枞阳县（铜陵市），迎江区、大观区、宜秀区、怀宁县、潜山市、太湖县、宿松县、望江县、岳西县、桐城市（安庆市），屯溪区、黄山区、徽州区、歙县、休宁县、黟县、祁门县、经开区（黄山市），琅琊区、南谯区、来安县、全椒县、定远县、凤阳县、天长市、明光市（滁州市），金安区、裕安区、叶集区、霍邱县、舒城县、金寨县、霍山县（六安市），贵池区、东至县、石台县、青阳县（池州市），宣州区、郎溪县、广德县、泾县、绩溪县、旌德县、宁国市、广德县、宿松县（宣城市）
	湖北省	江岸区、江汉区、硚口区、汉阳区、武昌区、青山区、洪山区、东西湖区、汉南区、蔡甸区、江夏区、黄陂区、新洲区（武汉市），黄石港区、西塞山区、下陆区、铁山区、阳新县、大冶市（黄石市），武当山特区、茅箭区、张湾区、郧阳区、郧西县、竹山县、竹溪县、房县、丹江口市（十堰市），西陵区、伍家岗区、点军区、猇亭区、夷陵区、远安县、兴山县、秭归县、长阳土家族自治县、五峰土家族自治县、宜都市、当阳市、枝江市（宜昌市），襄城区、樊城区、襄州区、南漳县、谷城县、保康县、老河口市、枣阳市、宜城市、东津开发区（襄阳市），梁子湖区、华容区、鄂城区（鄂州市），东宝区、掇刀区、京山市、沙洋县、钟祥市、漳河新区、屈家岭管理区（荆门市），孝南区、孝昌县、大悟县、云梦县、应城市、安陆市、汉川市、沙市区、荆州区、公安县、监利县、江陵县、石首市、洪湖市、松滋市（孝感市），黄州区、团风县、红安县、罗田县、英山县、浠水县、蕲春县、黄梅县、麻城市、武穴市（黄冈市），咸安区、嘉鱼县、通城县、崇阳县、通山县、赤壁市（咸宁市），曾都区、随县、广水市（随州市），大洪山风景区、恩施市、利川市、建始县、巴东县、宣恩县、咸丰县、来凤县、鹤峰县（恩施州），仙桃市、潜江市、天门市、神农架林区

（续表）

区域名	省（区、市）	县、县级市、区、旗名称
长江中下游平原及成都平原区	湖南省	芙蓉区、天心区、岳麓区、开福区、雨花区、望城区、长沙县、宁乡市、浏阳市（长沙市），荷塘区、芦淞区、石峰区、天元区、渌口区、攸县、茶陵县、炎陵县、醴陵市（株洲市），雨湖区、岳塘区、湘潭县、湘乡市、韶山市（湘潭市），珠晖区、雁峰区、石鼓区、蒸湘区、南岳区、衡阳县、衡南县、衡山县、衡东县、祁东县、耒阳市、常宁市（衡阳市），岳阳楼区、云溪区、君山区、岳阳县、华容县、湘阴县、平江县、汨罗市、临湘市（岳阳市），武陵区、鼎城区、安乡县、汉寿县、澧县、临澧县、桃源县、石门县、津市市（常德市）
		玄武区、秦淮区、建邺区、浦口区、栖霞区、雨花台区、江宁区、六合区、溧水区、高淳区、南京江北新区（南京市），锡山区、惠山区、滨湖区、梁溪区、新吴区、江阴市、宜兴市（无锡市），天宁区、钟楼区、新北区、武进区、金坛区、溧阳市（常州市），虎丘区、吴中区、相城区、姑苏区、吴江区、常熟市、张家港市、昆山市、太仓市（苏州市），崇川区、港闸区、通州区、海安市、如东县、启东市、如皋市、海门市、清江浦区（南通市），广陵区、邗江区、江都区、宝应县、仪征市、高邮市（扬州市），京口区、润州区、丹徒区、丹阳市、扬中市、句容市（镇江市），海陵区、高港区、姜堰区、兴化市、靖江市、泰兴市（泰州市）
		东湖区、西湖区、青云谱区、湾里区、青山湖区、新建区、南昌县、安义县、进贤县（南昌市），昌江区、珠山区、浮梁县、乐平市（景德镇市），安源区、湘东区、莲花县、上栗县、芦溪县、萍乡经济技术开发区（萍乡市），濂溪区、浔阳区、柴桑区、武宁县、修水县、永修县、德安县、都昌县、湖口县、彭泽县、瑞昌市、共青城市、庐山市（九江市）
	上海市	黄浦区、徐汇区、长宁区、静安区、普陀区、虹口区、杨浦区、闵行区、宝山区、嘉定区、浦东新区、金山区、松江区、青浦区、奉贤区

（续表）

区域名	省（区、市）	县、县级市、区、旗名称
长江中下游平原及成都平原区	四川省	锦江区、青羊区、金牛区、武侯区、成华区、龙泉驿区、青白江区、新都区、温江区、双流区、金堂县、郫都区、大邑县、蒲江县、新津县、都江堰市、彭州市、邛崃市、崇州市、简阳市（成都市），旌阳区、中江县、罗江区、广汉市、什邡市、绵竹市（德阳市），涪城区、游仙区、安州区、三台县、盐亭县、梓潼县、北川羌族自治县、平武县、江油市（绵阳市），市中区、沙湾区、五通桥区、金口河区、犍为县、井研县、夹江县、沐川县、峨眉山市（乐山市），东坡区、彭山区、仁寿县、洪雅县、丹棱县、青神县（眉山市），雨城区、名山区、荥经县、汉源县、石棉县、天全县、芦山县、宝兴县（雅安市），雁江区、安岳县、乐至县（资阳市）
南方丘陵区	福建省	鼓楼区、台江区、仓山区、马尾区、晋安区、闽侯县、连江县、罗源县、闽清县、永泰县、平潭县、福清市、长乐区（福州市），思明区、海沧区、湖里区、集美区、同安区、翔安区（厦门市），城厢区、涵江区、荔城区、秀屿区、仙游县（莆田市），梅列区、三元区、明溪县、清流县、宁化县、大田县、尤溪县、沙县、将乐县、泰宁县、建宁县、永安市（三明市），鲤城区、丰泽区、洛江区、泉港区、惠安县、安溪县、永春县、德化县、金门县、石狮市、晋江市、南安市（泉州市），芗城区、龙文区、云霄县、漳浦县、诏安县、长泰县、东山县、南靖县、平和县、华安县、龙海市（漳州市），延平区、建阳区、顺昌县、浦城县、光泽县、松溪县、政和县、邵武市、武夷山市、建瓯市（南平市）、新罗区、永定区、长汀县、上杭县、武平县、连城县、漳平市（龙岩市），蕉城区、霞浦县、古田县、屏南县、寿宁县、周宁县、柘荣县、福安市、福鼎市（宁德市）
	湖南省	双清区、大祥区、北塔区、邵东县、新邵县、邵阳县、隆回县、洞口县、绥宁县、新宁县、城步苗族自治县、武冈市、邵东市（邵阳市），永定区、武陵源区、慈利县、桑植县（张家界市），资阳区、赫山区、南县、桃江县、安化县、沅江市（益阳市），北湖区、苏仙区、桂阳县、宜章县、永兴县、嘉禾县、临武县、汝城县、桂东县、安仁县、资兴市（郴州市），零陵区、冷水滩区、祁阳县、东安县、双牌县、道县、江永县、宁远县、蓝山县、新田县、江华瑶族自治县（永州市），鹤城区、中方县、沅陵县、辰溪县、溆浦县、会同县、麻阳苗族自治县、新晃侗族自治县、芷江侗族自治县、靖州苗族侗族自治县、通道侗族自治县、洪江市（怀化市），娄星区、双峰县、新化县、冷水江市、涟源市（娄底市），吉首市、泸溪县、凤凰县、花垣县、保靖县、古丈县、永顺县、龙山县（湘西州）

（续表）

区域名	省（区、市）	县、县级市、区、旗名称
南方丘陵区	江西省	渝水区、分宜县（新余市），月湖区、余江区、贵溪市（鹰潭市），章贡区、南康区、赣县（区）、信丰县、大余县、上犹县、崇义县、安远县、龙南县、定南县、全南县、宁都县、于都县、兴国县、会昌县、寻乌县、石城县、瑞金市（赣州市），吉州区、青原区、吉安县、吉水县、峡江县、新干县、永丰县、泰和县、遂川县、万安县、安福县、永新县、井冈山市（吉安市），袁州区、奉新县、万载县、上高县、宜丰县、靖安县、铜鼓县、丰城市、樟树市、高安市（宜春市），临川区、南城县、黎川县、南丰县、崇仁县、乐安县、宜黄县、金溪县、资溪县、东乡区、广昌县（抚州市），信州区、广丰区、上饶县、玉山县、铅山县、横峰县、弋阳县、余干县、鄱阳县、万年县、婺源县、德兴市（上饶市）
	浙江省	鹿城区、龙湾区、瓯海区、洞头区、永嘉县、平阳县、苍南县、文成县、泰顺县、瑞安市、乐清市（温州市），婺城区、金东区、武义县、浦江县、磐安县、兰溪市、义乌市、东阳市、永康市（金华市），柯城区、衢江区、常山县、开化县、龙游县、江山市（衢州市），定海区、普陀区、岱山县、嵊泗县（舟山市），椒江区、黄岩区、路桥区、玉环市、三门县、天台县、仙居县、温岭市、临海市（台州市），莲都区、青田县、缙云县、遂昌县、松阳县、云和县、庆元县、景宁畲族自治县、龙泉市、龙港市（丽水市）
华南区	广东省	荔湾区、越秀区、海珠区、天河区、白云区、黄埔区、番禺区、花都区、南沙区、从化区、增城区（广州市），武江区、浈江区、曲江区、始兴县、仁化县、翁源县、乳源瑶族自治县、新丰县、乐昌市、南雄市（韶关市），罗湖区、福田区、南山区、宝安区、龙岗区、盐田区、坪山新区、光明区（深圳市），香洲区、斗门区、金湾区、高新区、高栏经济开发区（珠海市），龙湖区、金平区、濠江区、潮阳区、潮南区、澄海区、南澳县（汕头市），禅城区、南海区、顺德区、三水区、高明区（佛山市），蓬江区、江海区、新会区、台山市、开平市、鹤山市、恩平市（江门市），赤坎区、霞山区、坡头区、麻章区、遂溪县、徐闻县、廉江市、雷州市、吴川市（湛江市），茂南区、茂港区、电白区、高州市、化州市、信宜市（茂名市），端州区、鼎湖区、高要区、广宁县、怀集县、封开县、德庆县、四会市（肇庆市），惠城区、惠阳区、博罗县、惠东县、龙门县（惠州市），梅江区、梅县（区）、大埔县、丰顺县、五华县、平远县、蕉岭县、兴宁市（梅州市），海丰县、陆河县、陆丰市、红海湾开发区（汕尾市），源城区、紫金县、龙川县、连平县、和平县、东源县（河源市），江城区、阳东区、阳西县、阳春市（阳江市），清城区、清新区、佛冈县、阳山县、连山壮族瑶族自治县、连南瑶族自治县、英德市、连州市（清远市），东莞，中山，湘桥区、潮安区、饶平县（潮州市），榕城区、揭东区、揭西县、惠来县、普宁市（揭阳市），云城区、云安区、新兴县、郁南县、罗定市（云浮市）

（续表）

区域名	省（区、市）	县、县级市、区、旗名称
华南区	广西壮族自治区	兴宁区、青秀区、江南区、西乡塘区、良庆区、邕宁区、武鸣区、隆安县、马山县、上林县、宾阳县、横县（南宁市），城中区、鱼峰区、柳南区、柳北区、柳江区、柳城县、鹿寨县、融安县、融水苗族自治县、三江侗族自治县、阳和区、柳东新区（柳州市），秀峰区、叠彩区、象山区、七星区、雁山区、临桂区、阳朔县、灵川县、全州县、兴安县、永福县、灌阳县、龙胜各族自治县、资源县、平乐县、荔浦市、恭城瑶族自治县（桂林市），万秀区、长洲区、龙圩区、苍梧县、藤县、蒙山县、岑溪市（梧州市），海城区、银海区、铁山港区、合浦县（北海市），港口区、防城区、上思县、东兴市（防城港市），钦南区、钦北区、灵山县、浦北县（钦州市），港北区、港南区、覃塘区、平南县、桂平市（贵港市），玉州区、福绵区、容县、陆川县、博白县、兴业县、北流市（玉林市），右江区、田阳县、田东县、平果县、德保县、那坡县、凌云县、乐业县、田林县、西林县、隆林各族自治县、靖西市（百色市），八步区、平桂区、昭平县、钟山县、富川瑶族自治县（贺州市），金城江区、南丹县、天峨县、凤山县、东兰县、罗城仫佬族自治县、环江毛南族自治县、巴马瑶族自治县、都安瑶族自治县、大化瑶族自治县（河池市），宜州区、兴宾区、忻城县、象州县、武宣县、金秀瑶族自治县、合山市（来宾市）、江州区、扶绥县、宁明县、龙州县、大新县、天等县、凭祥市（崇左市）
	海南省	秀英区、龙华区、琼山区、美兰区、海棠区、吉阳区、天涯区、崖州区、五指山市、琼海市、儋州市、文昌市、万宁市、东方市、定安县、屯昌县、澄迈县、临高县、白沙黎族自治县、昌江黎族自治县、乐东黎族自治县、陵水黎族自治县、保亭黎族苗族自治县、琼中黎族苗族自治县、西沙群岛、南沙群岛、中沙群岛的岛礁及其海域
西南农区	贵州省	南明区、云岩区、花溪区、乌当区、白云区、观山湖区、开阳县、息烽县、修文县、清镇市（贵阳市），钟山区、六枝特区、水城县、盘州市（六盘水市），红花岗区、汇川区、播州区、桐梓县、绥阳县、正安县、道真仡佬族苗族自治县、务川仡佬族苗族自治县、凤冈县、湄潭县、余庆县、习水县、赤水市、仁怀市（遵义市），西秀区、平坝区、普定县、镇宁布依族苗族自治县、关岭布依族苗族自治县、紫云苗族布依族自治县（安顺市），七星关区、大方县、黔西县、金沙县、织金县、纳雍县、威宁彝族回族苗族自治县、赫章县（毕节市），碧江区、万山区、江口县、玉屏侗族自治县、石阡县、思南县、印江土家族苗族自治县、德江县、沿河土家族自治县、松桃苗族自治县（铜仁市），兴义市、兴仁市、普安县、晴隆县、贞丰县、望谟县、册亨县、安龙县（黔西南州），凯里市、黄平县、施秉县、三穗县、镇远县、岑巩县、天柱县、锦屏县、剑河县、台江县、黎平县、榕江县、从江县、雷山县、麻江县、丹寨县（黔东南州），都匀市、福泉市、荔波县、贵定县、瓮安县、独山县、平塘县、罗甸县、长顺县、龙里县、惠水县、三都水族自治县（黔南州）

（续表）

区域名	省（区、市）	县、县级市、区、旗名称
西南农区	四川省	自流井区、贡井区、大安区、沿滩区、荣县、富顺县（自贡市），东区、西区、仁和区、米易县、盐边县（攀枝花市），江阳区、纳溪区、龙马潭区、泸县、合江县、叙永县、古蔺县（泸州市），利州区、昭化区、朝天区、旺苍县、青川县、剑阁县、苍溪县（广元市），船山区、安居区、蓬溪县、射洪县、大英县（遂宁市），市中区、东兴区、威远县、资中县、隆昌市、市中区、峨边彝族自治县、马边彝族自治县（内江市），顺庆区、高坪区、嘉陵区、南部县、营山县、蓬安县、仪陇县、西充县、阆中市（南充市）翠屏区、南溪区、叙州区、江安县、长宁县、高县、珙县、筠连县、兴文县、屏山县（宜宾市），广安区、前锋区、岳池县、武胜县、邻水县、华蓥市（广安市），通川区、达川区、宣汉县、开江县、大竹县、渠县、万源市、达州市经开区（达州市），巴州区、恩阳区、通江县、南江县、平昌县、安岳县、乐至县（巴中市）
	云南省	五华区、盘龙区、官渡区、西山区、东川区、呈贡区、晋宁区、富民县、宜良县、石林彝族自治县、嵩明县、禄劝彝族苗族自治县、寻甸回族彝族自治县、安宁市、阳宗海风景名胜区、云南空港经济区（昆明市），麒麟区、沾益区、马龙区、陆良县、师宗县、罗平县、富源县、会泽县、宣威市（曲靖市），红塔区、江川区、澄江县、通海县、华宁县、易门县、峨山彝族自治县、新平彝族傣族自治县、元江哈尼族彝族傣族自治县（玉溪市），隆阳区、施甸县、龙陵县、昌宁县、腾冲市（保山市），昭阳区、鲁甸县、巧家县、盐津县、大关县、永善县、绥江县、镇雄县、彝良县、威信县、水富市（昭通市），古城区、玉龙纳西族自治县、永胜县、华坪县、宁蒗彝族自治县（丽江市），思茅区、宁洱哈尼族彝族自治县、墨江哈尼族自治县、景东彝族自治县、景谷傣族彝族自治县、镇沅彝族哈尼族拉祜族自治县、江城哈尼族彝族自治县、孟连傣族拉祜族佤族自治县、澜沧拉祜族自治县、西盟佤族自治县（普洱市），临翔区、凤庆县、云县、永德县、镇康县、双江拉祜族佤族布朗族傣族自治县、耿马傣族佤族自治县、沧源佤族自治县（临沧市），楚雄市、双柏县、牟定县、南华县、姚安县、大姚县、永仁县、元谋县、武定县、禄丰县（楚雄州），个旧市、开远市、蒙自市、弥勒市、屏边苗族自治县、建水县、石屏县、泸西县、元阳县、红河县、金平苗族瑶族傣族自治县、绿春县、河口瑶族自治县（红河州），文山县、砚山县、西畴县、麻栗坡县、马关县、丘北县、广南县、富宁县（文山州）、景洪市、勐海县、勐腊县（西双版纳州），大理市、漾濞彝族自治县、祥云县、宾川县、弥渡县、南涧彝族自治县、巍山彝族回族自治县、永平县、云龙县、洱源县、剑川县、鹤庆县（大理州），瑞丽市、芒市、梁河县、盈江县、陇川县（德宏州），泸水市、福贡县、贡山独龙族怒族自治县、兰坪白族普米族自治县（怒江州）

（续表）

区域名	省（区、市）	县、县级市、区、旗名称
西南农区	重庆市	万州区、涪陵区、渝中区、大渡口区、江北区、沙坪坝区、九龙坡区、南岸区、北碚区、綦江区、大足区、渝北区、巴南区、黔江区、长寿区、江津区、合川区、永川区、南川区、璧山区、铜梁区、潼南区、荣昌区、开州区、万盛区、梁平区、城口县、丰都县、垫江县、武隆区、忠县、云阳县、奉节县、巫山县、巫溪县、石柱土家族自治县、秀山土家族苗族自治县、酉阳土家族苗族自治县、彭水苗族土家族自治县
西部牧区	内蒙古自治区	新城区、回民区、玉泉区、赛罕区、土默特左旗、托克托县、和林格尔县、清水河县、武川县（呼和浩特市），东河区、昆都仑区、青山区、石拐区、白云鄂博矿区、九原区、土默特右旗、固阳县、包头稀土高新技术产业开发区（包头市），海勃湾区、海南区、乌达区（乌海市），红山区、元宝山区、松山区、喀喇沁旗、宁城县（赤峰市），科尔沁区、霍林郭勒市、通辽经济技术开发区（通辽市），海拉尔区、扎赉诺尔区、鄂伦春自治旗、满洲里市、牙克石市、额尔古纳市、根河市（呼伦贝尔市），临河区、五原县、杭锦后旗（巴彦淖尔市），集宁区、卓资县、化德县、商都县、兴和县、凉城县、察哈尔右翼前旗、丰镇市（乌兰察布市），乌兰浩特市、阿尔山市（兴安盟），二连浩特市、多伦县（锡林郭勒盟）
	西藏自治区	城关区、堆龙德庆区、林周县、尼木县、曲水县、达孜区、墨竹工卡县（拉萨市），桑珠孜区、南木林县、江孜县、定日县、萨迦县、拉孜县、昂仁县、谢通门县、白朗县、仁布县、康马县、定结县、亚东县、吉隆县、聂拉木县、岗巴县（日喀则市），卡若区、江达县、贡觉县、类乌齐县、丁青县、察雅县、八宿县、左贡县、芒康县、洛隆县、边坝县（昌都市），巴宜区、工布江达县、米林县、墨脱县、波密县、察隅县、朗县（林芝市），乃东区、扎囊县、贡嘎县、桑日县、琼结县、曲松县、措美县、洛扎县、加查县、隆子县、错那县、浪卡子县（山南市），比如县、索县、尼玛县（那曲地区），普兰县、札达县、噶尔县、日土县（阿里地区）
	新疆维吾尔自治区	天山区、沙依巴克区、新市区、水磨沟区、头屯河区、达坂城区、米东区、乌鲁木齐县（乌鲁木齐市），独山子区、克拉玛依区、白碱滩区、乌尔禾区（克拉玛依市），高昌区、鄯善县、托克逊县（吐鲁番市）、伊州区、巴里坤县（哈密市）、昌吉市、阜康市、呼图壁县、玛纳斯县、吉木萨尔县（昌吉州），库尔勒市、轮台县、若羌县、焉耆回族自治县、博湖县（巴音郭楞州），阿克苏市、库车县、新和县、拜城县、乌什县、阿瓦提县、柯坪县（阿克苏地区），阿图什市（克孜勒苏州），喀什市、疏附县、疏勒县、英吉沙县、泽普县、莎车县、叶城县、麦盖提县、岳普湖县、伽师县、巴楚县（喀什地区），和田市、和田县、墨玉县、皮山县、洛浦县、策勒县、于田县（和田地区），伊宁市、奎屯市、霍尔果斯市、伊宁县、察布查尔锡伯自治县、霍城县（伊犁州），乌苏市、沙湾县（塔城地区），石河子市、阿拉尔市、图木舒克市、五家渠市、北屯市、铁门关市、双河市、可克达拉市、昆玉市、胡杨河市

（续表）

区域名	省（区、市）	县、县级市、区、旗名称
	云南省	香格里拉市、德钦县、维西傈僳族自治县
西部牧区	四川省	马尔康市、汶川县、理县、茂县、松潘县、九寨沟县、金川县、小金县、黑水县、壤塘县、阿坝县、若尔盖县、红原县（阿坝州），康定市、泸定县、丹巴县、九龙县、雅江县、道孚县、炉霍县、甘孜县、新龙县、德格县、白玉县、石渠县、色达县、理塘县、巴塘县、乡城县、稻城县、得荣县（甘孜州），西昌市、木里藏族自治县、盐源县、德昌县、会理县、会东县、宁南县、普格县、布拖县、金阳县、昭觉县、喜德县、冕宁县、越西县、甘洛县、美姑县、雷波县（凉山州）
西北农区	甘肃省	城关区、七里河区、西固区、安宁区、红古区、皋兰县、榆中县、兰州新区、兰州高新区（兰州市），嘉峪关市，金川区（金昌市），白银区、平川区、会宁县、景泰县（白银市），秦州区、麦积区、清水县、秦安县、甘谷县、武山县、张家川回族自治县（天水市），武威市辖区、凉州区、古浪县，甘州区、民乐县、临泽县、高台县（张掖市），崆峒区、泾川县、灵台县、崇信县、华亭市、庄浪县、静宁县（平凉市），肃州区、金塔县、玉门市、敦煌市（酒泉市），西峰区、庆城县、合水县、正宁县、宁县、镇原县（庆阳市），安定区、通渭县、陇西县、渭源县、临洮县（定西市），武都区、成县、文县、宕昌县、康县、西和县、礼县、徽县、两当县（陇南市），临夏市、临夏县、康乐县、永靖县、广河县、和政县、东乡族自治县、积石山保安族东乡族撒拉族自治县（临夏州）
	宁夏回族自治区	兴庆区、西夏区、金凤区、永宁县、贺兰县、灵武市（银川市），大武口区、惠农区、平罗县（石嘴山市），利通区、红寺堡区、同心县、青铜峡市（吴忠市），原州区、西吉县、隆德县、泾源县、彭阳县（固原市），沙坡头区、中宁县（中卫市）
	青海省	城东区、城中区、城西区、城北区、大通回族土族自治县、湟中县、湟源县（西宁市）、乐都区、平安区、民和回族土族自治县、互助土族自治县、化隆回族自治县、循化撒拉族自治县（海东市）

（续表）

区域名	省（区、市）	县、县级市、区、旗名称
西北农区	山西省	小店区、迎泽区、杏花岭区、尖草坪区、万柏林区、晋源区、清徐县、阳曲县、娄烦县、古交市（太原市），平城区、矿区、云冈区、新荣区、阳高县、天镇县、广灵县、灵丘县、浑源县、左云县、云州区（大同市），平定县、盂县（阳泉市），城区、潞州区、上党区、襄垣县、屯留区、平顺县、黎城县、壶关县、长子县、武乡县、沁县、沁源县、潞城区（长治市），城区、沁水县、阳城县、陵川县、泽州县、高平市、晋城开发区（晋城市），朔城区、平鲁区、山阴县、应县、右玉县、怀仁市（朔州市），榆次区、榆社县、左权县、和顺县、昔阳县、寿阳县、太谷县、祁县、平遥县、灵石县、介休市、晋中开发区（晋中市），盐湖区、临猗县、万荣县、闻喜县、稷山县、新绛县、绛县、垣曲县、夏县、平陆县、芮城县、永济市、河津市（运城市），忻府区、定襄县、五台县、代县、繁峙县、宁武县、静乐县、神池县、五寨县、岢岚县、河曲县、保德县、偏关县、原平市（忻州市），尧都区、曲沃县、翼城县、襄汾县、洪洞县、古县、安泽县、浮山县、吉县、乡宁县、大宁县、隰县、永和县、蒲县、汾西县、侯马市、霍州市（临汾市），离石区、文水县、交城县、兴县、临县、柳林县、石楼县、岚县、方山县、中阳县、交口县、孝义市、汾阳市（吕梁市）
	陕西省	新城区、碑林区、莲湖区、灞桥区、未央区、雁塔区、阎良区、临潼区、长安区、高陵区、蓝田县、周至县、鄠邑区、西咸新区、国际港务区、西安市高新区（西安市），王益区、印台区、耀州区、宜君县、新区（铜川市），渭滨区、金台区、陈仓区、凤翔县、岐山县、扶风县、眉县、陇县、千阳县、麟游县、凤县、太白县、宝鸡市高新区（宝鸡市），秦都区、杨陵区、渭城区、三原县、泾阳县、乾县、礼泉县、永寿县、彬州市、长武县、旬邑县、淳化县、武功县、兴平市（咸阳市），临渭区、华州区、潼关县、大荔县、合阳县、澄城县、蒲城县、白水县、富平县、韩城市、华阴市、经开区、渭南市开发区（渭南市），宝塔区、安塞区、延长县、延川县、子长县、志丹县、吴起县、甘泉县、富县、洛川县、宜川县、黄龙县、黄陵县（延安市），汉台区、南郑区、城固县、洋县、西乡县、勉县、宁强县、略阳县、镇巴县、留坝县、佛坪县（汉中市），榆阳区、横山区、神木市、府谷县、靖边县、定边县、绥德县、米脂县、佳县、吴堡县、清涧县、子洲县（榆林市），汉滨区、汉阴县、石泉县、宁陕县、紫阳县、岚皋县、平利县、镇坪县、旬阳县、白河县（汉中市），商州区、洛南县、丹凤县、商南县、山阳县、镇安县、柞水县（商洛市）

（续表）

区域名	省（区、市）	县、县级市、区、旗名称
牧区	内蒙古自治区	陈巴尔虎旗、新巴尔虎左旗、新巴尔虎右旗、科尔沁左翼中旗、科尔沁左翼后旗、阿鲁科尔沁旗、巴林左旗、巴林右旗、克什克腾旗、翁牛特旗、克什克腾旗、阿拉善左旗、阿拉善右旗、额济纳旗、鄂托克前旗、鄂托克旗、杭锦旗、乌审旗、扎鲁特旗、四子王旗、科尔沁右翼中旗、锡林浩特市、阿巴嘎旗、苏尼特左旗、苏尼特右旗、东乌珠穆沁旗、西乌珠穆沁旗、镶黄旗、正镶白旗、正蓝旗、鄂温克族自治旗、乌拉特中旗、乌拉特后旗、达尔罕茂明安联合旗
	吉林省	通榆县
	黑龙江省	安达市、杜尔伯特蒙古族自治县、青冈县、龙江县、甘南县、富裕县、肇源县
	宁夏回族自治区	盐池县
	甘肃省	玛曲县、碌曲县、夏河县、天祝藏族自治县、肃南裕固族自治县、肃北蒙古族自治县、阿克塞哈萨克族自治县
	青海省	玛多县、班玛县、久治县、玛沁县、甘德县、达日县、玉树市、称多县、杂多县、治多县、曲麻莱县、天峻县、兴海县、贵南县、同德县、泽库县、河南蒙古族自治县、海晏县、刚察县、祁连县、囊谦县、乌兰县、都兰县、格尔木市、共和县、德令哈市
	西藏自治区	当雄县、仲巴县、那曲县（色尼区）、嘉黎县、聂荣县、安多县、申扎县、班戈县、巴青县、革吉县、改则县、措勤县、萨嘎县
	新疆维吾尔自治区	阿勒泰市、布尔津县、吉木乃县、哈巴河县、富蕴县、青河县、福海县、新源县、昭苏县、特克斯县、尼勒克县、温泉县、托里县、和布克赛尔蒙古自治县、裕民县、阿合奇县、乌恰县、塔什库尔干塔吉克自治县、和静县、伊吾县、木垒哈萨克自治县、民丰县
	四川省	阿坝县、若尔盖县、红原县、石渠县、色达县、德格县、白玉县、壤塘县、松潘县、理塘县

注：牧区县是按照国务院名单确定。

附件 2　畜禽粪便还田技术规范

1　范围

本标准规定了畜禽粪便还田术语和定义、要求、限量、采样及分析方法。

本标准适用于经无害化处理后的畜禽粪便、堆肥以及以畜禽粪便为主要原料制成的各种肥料在农田中的使用。

2　规范性引用文件

下列文件中的条款通过本标准的引用而成为本标准的条款。凡是注日期的引用文件，其随后所有的修改单（不包括勘误的内容）或修订版均不适用于本标准，然而，鼓励根据本标准达成协议的各方研究是否可使用这些文件的最新版本。凡是不注日期的引用文件，其最新版本适用于本标准。

GB 7959–1987　粪便无害化卫生标准

GB/T 17134　土壤质量总砷的测定二乙基二硫代氨基甲酸银分光光度法

GB/T 17138　土壤质量铜、锌的测定火焰原子吸收分光光度法

GB/T 17419　含氨基酸叶面肥料

GB/T 17420　微量元素叶面肥料

NY/T 1168　畜禽粪便无害化处理技术规范

3　术语和定义

下列术语和定义适用于本标准。

3.1　安全使用 safety using

畜禽粪便作为肥料使用，应使农产品产量、质量和周边环境没有

危险，不受到威胁。畜禽粪肥施于农田，其卫生学指标、重金属含量、施肥用量及注意要点应达到本标准提出的要求。

4 要求

4.1 无害化处理

4.1.1 畜禽粪便还田前，应进行处理，且充分腐熟并杀灭病原菌、虫卵和杂草种子。

4.1.2 制作堆肥以及以畜禽粪便为原料制成的商品有机肥、生物有机肥、有机复合肥，其卫生学指标应符合表 1 的规定。

表 1 堆肥的卫生学要求

项 目	要 求
蛔虫卵死亡率	95%~100%
粪大肠菌值	10^{-1}~10^{-2}
苍蝇	堆肥中及堆肥周围没有活的蛆、蛹或新孵化的成蝇

4.1.3 制作沼气肥，沼液和沼渣应符合表 2 的规定使用。沼渣出池后应进行进一步堆制，充分腐熟后才能使用。

表 2 沼气肥的卫生学要求

项 目	要 求
蛔虫卵沉降率	95% 以上
血吸虫卵和钩虫卵	在使用的沼液中不应有活的血吸虫卵和钩虫卵
粪大肠菌值	10^{-2}~10^{-1}
蚊子、苍蝇	有效地控制蚊蝇孳生，沼液中无孑孓，池的周边无活蛆、蛹或新羽化的成蝇
沼气池粪渣	应符合表 1 的要求

4.1.4 粪便的收集、贮存及处理技术要求，应按 NY/T 1168—2006 规定执行。

4.1.5 根据施用不同 pH 值的土壤，以畜禽粪便为主要原料的肥料中，其畜禽粪便的重金属含量限值应符合表 3 的要求。

表 3　制作肥料的畜禽粪便中重金属含量限值（干粪含量）

单位：mg/kg

项　目		土壤 pH 值		
		<6.5	6.5~7.5	>7.5
砷	旱田作物	50	50	50
	水稻	50	50	50
	果树	50	50	50
	蔬菜	30	30	30
铜	旱田作物	300	600	600
	水稻	150	300	300
	果树	400	800	800
	蔬菜	85	170	170
锌	旱田作物	2000	2700	3400
	水稻	900	1200	1500
	果树	1200	1700	2000
	蔬菜	500	700	900

4.2　安全使用

4.2.1　使用原则

畜禽粪便作为肥料应充分腐熟，卫生学指标及重金属含量达到本标准的要求后方可施用。畜禽粪料单独或与其他肥料配施时，应满足作物对营养元素的需要。适量施肥，以保持或提高土壤肥力及土壤活性。肥料的使用应不对环境和作物产生不良后果。

4.2.2　施用方法

4.2.2.1　基肥（基施），如下：

a）撒施：在耕地前将肥料均匀撒于地表，结合耕地把肥料翻入土中，使肥土相融，此方法适用于水田、大田作物及蔬菜作物；

b）条施（沟施）：结合犁地开沟，将肥料按条状集中施于作物播种行内，适用于大田、蔬菜作物；

c）穴施：在作物播种或种植穴内施肥，适用于大田、蔬菜作物；

d）环状施肥（轮状施肥）：在冬前或春季，以作物主茎为圆心，沿株冠垂直投影边缘外侧开沟，将肥料施入沟中并覆土，适用于多年生果树施肥。

4.2.2.2 追肥（追施），如下：

a）腐熟的沼渣、沼液和添加速效养分的有机复混肥可用作追肥；

b）条施：使用方法同基施中的条施。适用于大田、蔬菜作物；

c）穴施：在苗期按株或在两株间开穴施肥，适用于大田、蔬菜作物；

d）环状施肥：使用方法同基施中的环状施肥。适用于多年生果树；

e）根外追肥：在作物生育期间，采用叶面喷施等方法，迅速补充营养满足作物生长发育的需要。

4.2.2.3 沼液用作叶面肥施用时，其质量应符合 GB/T 17419—2018 和 GB/T 17420—1998 的技术要求。春、秋季节，宜在上午露水干后（约 10 时）进行，夏季以傍晚为好，中午高温及雨天不要喷施。喷施时，以叶面为主。沼液浓度视作物品种、生长期和气温而定，一般需要加清水稀释。在作物幼苗、嫩叶期和夏季高温期，应充分稀释，防止对植株造成危害。

4.2.2.4 条施、穴施和环状施肥的沟深、沟宽应按不同作物、不同生长期的相应生产技术规程的要求执行。

4.2.2.5 畜禽粪肥主要用作基肥，施肥时间秋施比春施效果好。

4.2.2.6 在饮用水源保护区不应施用畜禽粪肥。在农业区使用时应避开雨季，施入裸露农田后应在 24 h 内翻耕入土。

4.2.3 还田限量

4.2.3.1 以生产需要为基础，以地定产、以产定肥。

4.2.3.2 根据土壤肥力，确定作物预期产量（能达到的目标产量），计算作物单位产量的养分吸收量。

4.2.3.3 结合畜禽粪便中营养元素的含量、作物当年或当季的利用率，计算基施或追施应投加的畜禽粪便的量。

4.2.3.4 畜禽粪便的农田施用量计算公式和施用限量参考值、相应参数可参照附录 A 执行。

4.2.3.5 沼液、沼渣的施用量应折合成于粪的营养物质含量进行计算。

4.2.3.6 小麦、水稻、果园和菜地畜禽粪便的使用限量见表 4、表 5 和表 6。

表 4 小麦、水稻每茬猪粪使用限量 单位：t/hm²

农田本底肥力水平	Ⅰ	Ⅱ	Ⅲ
麦和玉米田施用限量	19	16	14
稻田施用限量	22	18	16

表 5 果园每年猪粪使用限量 单位：t/hm²

果树种类	苹果	梨	柑桔
施用限量	20	23	29

表 6 菜地每茬猪粪使用限量 单位：t/hm²

蔬菜种类	黄瓜	番茄	茄子	青椒	大白菜
施用限量	23	35	30	30	16

注：以上限值均指在不施用化肥情况下，以干物质计算的猪粪肥料的使用限量。如果施用牛粪、鸡粪、羊粪等肥料可根据猪粪换算，其换算系数为：牛粪（0.8），鸡粪（1.6），羊粪（1.0）。

5 采样和分析方法

5.1 采样方法

5.1.1 采样地点的确定

根据粪肥质量（或体积）确定取样点（个）数，见表 7。

表 7 畜禽粪肥的取样点数

质量 /t	取样点个数
<5	5
5~30	11
>30	14
注：取样时应交叉或梅花形布点取样。	

5.1.2 采样要求

取样点的位置：应离地面 15 cm 以上，距肥堆顶部 5 cm~10 cm 以下。每个样品取 200 g，混匀后（按取样点数要求，多个样品混合）缩分为 4。在 1/4 样品中，去除土块等杂物后，留取 250 g 供分析化验用。

5.1.3 采样工具

用土钻或铁锹等均可。

5.2 监测频率

使用前：监测一次。

存放期：3 个月 ~6 个月监测一次。

5.3 分析方法

5.3.1 粪大肠菌值

按照 GB 7959—1987 附录 A 规定执行。

5.3.2 蛔虫卵死亡率

按照 GB 7959—1987 附录 B 规定执行。

5.3.3 寄生虫卵沉降率

按照 GB 7959—1987 附录 C 规定执行。

5.3.4 钩虫卵数

按照 GB 7959—1987 附录 D 规定执行。

5.3.5 血吸虫卵数

按照 GB 7959—1987 附录 E 规定执行。

5.3.6 总砷

按 GB/T 17134—1997 执行。

5.3.7 铜、锌

按 GB/T 17138—1997 执行。

附录 A

（资料性附录）

施肥量计算的推荐公式及相应参数的确定

A.1 在有田间试验和土肥分析化验的条件下施肥量的确定

A.1.1 计算公式

$$N=\frac{A-S}{d\times r}\times f \tag{A.1}$$

式中：N—— 一定土壤肥力和单位面积作物预期产量下需要投入的某种畜禽粪便的量，单位为吨每 hm^2（t/hm^2）；A—— 预期单位面积产量下作物需要吸收的营养元素的量，单位为吨每 hm^2（t/hm^2）；S—— 预期单位面积产量下作物从土壤中吸收的营养元素量（或称土壤供肥量），单位为吨每 hm^2（t/hm^2）；D—— 畜禽粪便中某种营养元素的含量，%；r—— 畜禽粪便的当季利用率，%；f—— 当地农业生产中，施于农田中的畜禽粪便的养分含量占施肥总量的比例，%。

A.1.2 相应参数的确定

A.1.2.1 A 的确定（t/hm^2）

$$A=y\times a\times 10^{-2} \tag{A.2}$$

式中：y—— 预期单位面积产量，单位为吨每公顷（t/hm^2）；

a—— 作物形成 100 kg 产量吸收的营养元素的量，单位为 kg。

主要作物口可参照表 A.1。不同作物、同种作物的不同品种及地域因素等导致作物形成 100 kg 产量吸收的营养元素的量各不相同，口值选择应以地方农业管理、科研部门公布的数据为准。

表 A.1 作物形成 100 kg 产量吸收的营养元素的量

作物种类	氮 /kg	磷 /kg	钾 /kg	产量水平 /（t/hm^2）
小麦	3.0	1.0	3.0	4.5
水稻	2.2	0.8	2.6	6
苹果	0.3	0.08	0.32	30

（续表）

作物种类	氮 /kg	磷 /kg	钾 /kg	产量水平 /（t/hm²）
梨	0.47	0.23	0.48	22.5
柑桔	0.6	0.11	0.4	22.5
黄瓜	0.28	0.09	0.29	75
番茄	0.33	0.1	0.53	75
茄子	0.34	0.1	0.66	67.5
青椒	0.51	0.107	0.646	45
大白菜	0.15	0.07	0.2	90

注：表中作物形成 100 kg 产量吸收的营养元素的量为相应产量水平下吸收的量。

A.1.2.2　S 的确定（t/hm^2）

$$S=2.25\times10^{-3}\times c\times t \qquad (A.3)$$

式中：2.25×10^{-3}—— 土壤养分的“换算系数”，20 cm 厚的土壤表层（耕作层或称为作物营养层），其每 hm^2 总重约为 225 万 kg，那么 1 mg/kg 的养分在每公顷土地中所含的量为：

2 250 000 kg/hm^2 × 1 mg/kg 即 2.25×10^{-3} t/hm^2；c—— 土壤中某营养元素以 mg/kg 计的测定值；t—— 土壤养分校正系数。因土壤具有缓冲性能，故任一测定值，只代表某一养分的相对含量，而不是一个绝对值，不能反映土壤供肥的绝对量。因此，还要通过田间实验，找到实际有多少养分可被吸收，其占所测定值的比重，称为土壤养分的“校正系数”。在实际应用中，可实际测定或根据当地科研部门公布的数据进行计算。

A.1.2.3　d 的确定

畜禽粪便中某种营养元素的含量，因畜禽种类、畜禽粪便的收集与处理方式不同而差别较大。施肥量的确定应根据某种畜禽粪便的营养成分进行计算。

A.1.2.4　r 的确定

畜禽粪便养分的当季利用率，因土壤理化性状、通气性能、温度、湿度等条件不同，一般在 25%~30% 范围内变化，故当季吸收率可在此范围内选取或通过田间试验确定。

A.1.2.5　f的确定

应根据当地的施肥习惯，确定粪料作为基肥和（或）追肥的养分含量占施肥总量的比例。

A.2　不具备田间试验和土肥分析化验的条件下施肥量的确定

A.2.1　计算公式

$$N=\frac{A-p}{d\times r}\times f \tag{A.4}$$

式中：N—— 一定土壤肥力和单位面积作物预期产量下需要投入的某种营养元素的量，单位为吨每 hm^2（t/hm^2）；A—— 预期单位面积产量下作物需要吸收的营养元素的量，单位为吨每 hm^2（t/hm^2）；p——由施肥创造的产量占总产量的比例，%；d—— 畜禽粪便中某种营养元素的含量，%；r—— 畜禽粪便养分的当季利用率，%；f—— 畜禽粪便的养分含量占施肥总量的比率，%。

A.2.2　相应参数的确定

A.2.2.1　A、d、r、f的确定，见 A.1.2.1、A.1.2.3、A.1.2.4、A.1.2.5。

A.2.2.2　由施肥创造的产量占总产量的比例可参照表 A.2、表 A.3 选取。

表 A.2　不同土壤肥力下作物由施肥创造的产量占总产量的比例（p）

项　目	土地肥力		
	Ⅰ	Ⅱ	Ⅲ
p	30%~40%	40%~50%	50%~60%

表 A.3　土壤肥力分级指标　　单位为 g/kg

项　目		不同肥力水平的土壤全氮含量		
		Ⅰ	Ⅱ	Ⅲ
土地类别	旱地（大田作物）	>1.0	0.8~1.0	<0.8
	水田	>1.2	1.0~1.2	<1.0
	菜地	>1.2	1.0~1.2	<1.0
	果园	>1.0	0.8~1.0	<0.8

附件3　畜禽粪便堆肥技术规范

1　范围

本标准规定了畜禽粪便堆肥的场地要求、堆肥工艺、设施设备、堆肥质量评价和检测方法。

本标准适用于规模化养殖场和集中处理中心的畜禽粪便及养殖垫料堆肥。

2　规范性引用文件

下列文件对于本文件的应用是必不可少的。凡是注日期的引用文件，仅注日期的版本适用于本文件。凡是不注日期的引朋文件，其最新版本（包括所有的修改单）适用于本文件。

GB/T 8576　复混肥料中游离水含量的测定 真空烘箱法

GB/T 17767.1　有机—无机复混肥料的测定方法 第1部分：总氮含量

GB 18596　畜禽养殖业污染物排放标准

GB/T 19524.1　肥料中粪大肠菌群的测定

GB/T 19524.2　肥料中蛔虫卵死亡率的测定

GB/T 23349　肥料中砷、镉、铅、铬、汞生态指标

GB/T 25169—2010　畜禽粪便监测技术规范

GB/T 36195　畜禽粪便无害化处理技术规范

3　术语和定义

下列术语和定义适用于本文件。

3.1　堆肥 composting.

在人工控制条件下（水分、碳氮比和通风等），通过微生物的发

酵，使有机物被降解，并生产出一种适宜于土地利用的产物的过程。

3.2　辅料　auxiliary material

用于调节堆肥原料含水率、碳氮比、通透性等的物料。

注：常用辅料有农作物秸秆、锯末、稻壳、蘑菇渣等。

3.3　条垛式堆肥　pile composting

将混合好的物料堆成条垛进行好氧发酵的堆肥工艺。

注：条垛式堆肥包括动态条垛式堆肥、静态条垛式堆肥等。

3.4　槽式堆肥　bed composting

将混合好的物料置于槽式结构中进行好氧发酵的堆肥工艺。

注：槽式堆肥包括连续动态槽式堆肥、序批式动态槽式堆肥和静态槽式堆肥等。

3.5　反应器堆肥　reactor composting

将混合好的物料置于密闭容器中进行好氧发酵的堆肥工艺。

注：反应器堆肥包括筒仓式反应器堆肥、滚筒式反应器堆肥和箱式反应器堆肥等。

3.6　种子发芽指数　germination index

以黄瓜或萝卜种子为试验材料，堆肥浸提液的种子发芽率和种子平均根长的乘积与去离子水种子发芽率和种子平均根长的乘积的比值，用于评价堆肥腐熟度。

4　场地要求

4.1　畜禽粪便堆肥场选址及布局应符合 GB/T 36195 的规定。

4.2　原料存放区应防雨防水防火。畜禽粪便等主要原料应尽快预处理并输送至发酵区，存放时间不宜超过 1 d。

4.3　发酵场地应配备防雨和排水设施。堆肥过程中产生的渗滤液应收集储存，防止渗滤液渗漏。

4.4　堆肥成品存储区应干燥、通风、防晒、防破裂、防雨淋。

5 堆肥工艺

5.1 工艺流程

畜禽粪便堆肥工艺流程包括物料预处理、一次发酵、二次发酵和臭气处理等环节，见图1。

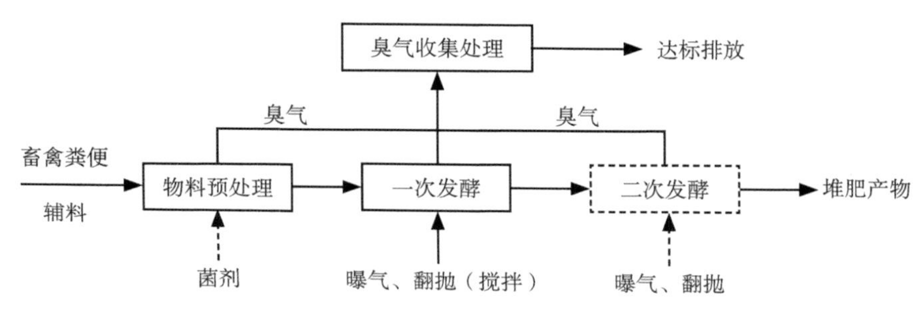

图 1 畜禽粪便堆肥工艺流程

注：实线表示必需步骤，虚线表示可选步骤。

5.2 物料预处理

5.2.1 将畜禽粪便和辅料混合均匀，混合后的物料含水率宜为45%~65%，碳氮比（C/ N）为（20：1）~（40：1），粒径不大于5 cm，pH 5.5~9.0。

5.2.2 堆肥过程中可添加有机物料腐熟剂，接种量宜为堆肥物料质量的 0. 1%~0. 2%。腐熟荆应获得管理部门产品登记。

5.3 一次发酵

5.3.1 通过堆体曝气或翻堆，使堆体温度达到 55℃以上，条垛式堆肥维持时间不得少于 15 d、槽式堆肥维持时间不少于 7d、反应器堆肥维持时间不少于 5d。堆体温度高于 65℃时，应通过翻堆、搅拌、曝气降低温度。堆体温度测定方法见附录 A。

5.3.2 堆体内部氧气浓度宜不小于 5%，曝气风量宜为 0.05 m^3/min~0.2 m^3/min（以每立方米物料为基准）。

5.3.3 条垛式堆肥和槽式堆肥的翻堆次数宜为每天 1 次；反应器堆

肥宜采取间歇搅拌方式（如：开 30min 停 30 min）。实际运行中可根据堆体温度和出料情况调整搅拌频率。

5.4　二次发酵

堆肥产物作为商品有机肥料或栽培基质时应进行二次发酵，堆体温度接近环境温度时终止发酵过程。

5.5　臭气控制

堆肥过程中产生的臭气应进行有效收集和处理，经处理后的恶臭气体浓度符合 GB 18596 的规定。臭气控制可采用如下方法：

a）工艺优化法：通过添加辅料或调理剂，调节碳氮比（C/N）、含水率和堆体孔隙度等，确保堆体处于好氧状态，减少臭气产生；

b）微生物处理法：通过在发酵前期和发酵过程中添加微生物除臭菌剂，控制和减少臭气产生；

c）收集处理法：通过在原料预处理区和发酵区设置臭气收集装置，将堆肥过程中产生的臭气进行有效收集并集中处理。

6　设施设备

6.1　堆肥设备选择原则

堆肥设备应根据堆肥工艺确定，分为预处理设备、发酵设备和后处理设备。

6.2　预处理设备

预处理设备主要包括粉碎设备和混料设备，混料方式可选择简易铲车混料或专用混料机混料。

6.3　发酵设备

6.3.1　条垛式堆肥设备

条垛式堆肥翻抛设备宜选择自走式或牵引式翻抛机，并根据条垛宽度和处理量选择翻抛机。对于简易垛式堆肥，也可用铲车进行翻抛。

6.3.2　槽式堆肥设备

6.3.2.1 槽式堆肥成套设备包括进出料设备、发酵设备和自控设备等。

6.3.2.2 发酵设备主要包括翻堆设备和通风设备，要求如下：

a）物料翻堆设备应使用翻堆机，并配备移行车实现翻堆机的换槽功能；

b）堆体通风设备应使用风机，并根据风压和风量要求，选择单槽单台或多槽分段多台风机。

6.3.3 反应器堆肥设备

6.3.3.1 反应器堆肥设备按进出料方式分为动态反应器和静态反应器。

6.3.3.2 动态反应器主要包括筒仓式、滚筒式和箱式等类型，设备系统特性如下：

a）筒仓式堆肥反应器是一种立式堆肥设备，从顶部进料底部出料，应配置上料、搅拌、通风、出料、除臭和自控等系统；

b）滚筒式堆肥反应器是一种卧式堆肥设备，使用滚筒抄板混合和移动物料，应配置上料、通风、出料、除臭和自控等系统；

c）箱式堆肥反应器是一种卧式堆肥设备，使用箱体内部输送带承载、移动和混合物料，应配置上料、通风、出料、除臭和自控等系统。

6.3.3.3 静态反应器主要包括箱式和隧道式等类型。

6.4 后处理设备

后处理设备主要包括筛分机和包装机等。

7 堆肥质量评价

7.1 堆肥产物质量要求

堆肥产物应符合表 1 的要求。

表 1　堆肥产物质量要求

项　目	指　标
有机质含量（以干基计），%	≥ 30
水分含量，%	≤ 45
种子发芽指数（GI），%	≥ 70
蛔虫卵死亡率，%	≥ 95
粪大肠菌群数，个 /g	≤ 100
总砷（As）（以干基计），mg/kg	≤ 15
总汞（Hg）（以干基计），mg/ kg	≤ 2
总铅（Pb）（以干基计），mg/kg	≤ 50
总镉（Cd）（以干基计），mg/kg	≤ 3
总铬（Cr）（以干基计），mg/kg	≤ 150

7.2　采样

堆肥产物样品采样方法、样品记录和标识按照 GB/T 25169—2010 中第 5 章的规定执行，其中采样过程按照 5.3.2 的规定执行。样品的保存按照 GB/T 25169—2010 中第 8 章的规定执行。

8　检测方法

8.1　水分含量的测定

按照 GB/T 8576 的规定执行。

8.2　酸碱度的测定

按照附录 B 的规定执行。

8.3　有机质含量的测定

按照附录 C 的规定执行。

8.4　总氮的测定

按照 GB/T 17767.1 的规定执行。

8.5　种子发芽指数的测定

按照附录 D 的规定执行。

8.6　粪大肠菌群数的测定

按照 GB/T 19524.1 的规定执行。

8.7 蛔虫卵死亡率的测定

按照 GB/T 19524.2 的规定执行。

8.8 砷的测定

按照 GB/T 23349 的规定执行。

8.9 汞的测定

按照 GB/T 23349 的规定执行。

8.10 铅的测定

按照 GB/T 23349 的规定执行。

8.11 镉的测定

按照 GB/T 23349 的规定执行。

8.12 铬的测定

按照 GB/T 23349 的规定执行。

附录 A

（规范性附录）

堆体温度测定方法

A.1 适用范围

适用于高温堆肥堆体内温度的测定。

A.2 仪器

选择金属套筒温度计或热敏数显测温装置。

A.3 测定

A.3.1 将堆体自顶层到底层分成 4 段，自上而下测量每一段中心的温度，取最高温度。测温点示意图见图 A.1a）和图 A.2a）。

A.3.2 在整个堆体上至少选择 3 个位置，按 A.3.1 测出每一部位的

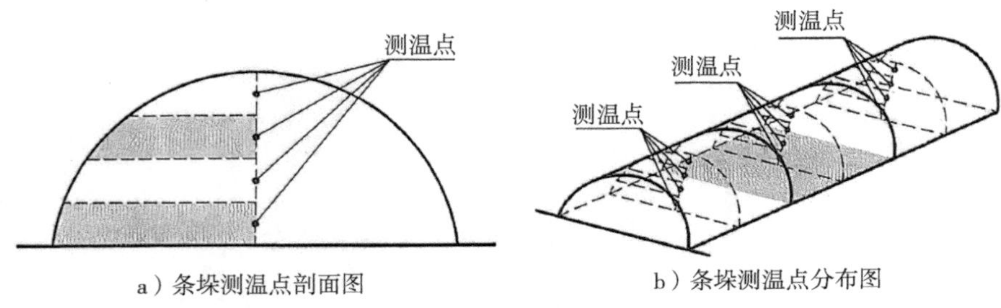

a）条垛测温点剖面图　　b）条垛测温点分布图

图 A.1 条垛堆肥测温示意图

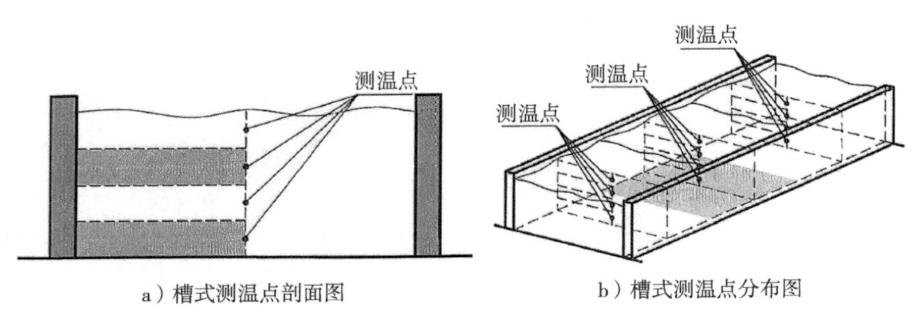

a）槽式测温点剖面图　　b）槽式测温点分布图

图 A.2 槽式堆肥测温示意图

最高温度，分别用 T_1、T_2、T_3 等表示。测温点示意图见图 A.1b）和图 A.2b）。

A3.3 堆体温度取 T_1、T_2、T_3 等测得温度值的平均值。

A.3.4 在堆肥周期内应每天测试温度。

附录 B

（规范性附录）

酸碱度的测定方法 pH 计法

B.1 方法原理

试样经水浸泡平衡，直接用 pH 酸度计测定。

B.2 仪器

pH 酸度计；玻璃电极或饱和甘汞电极，或 pH 复合电极；振荡机或搅拌器。

B.3 试剂和溶液

B.3.1 pH 4.01 标准缓冲液：称取经 110℃烘干的邻苯二钾酸氢钾（$KHC_3H_4O_4$）10. 21 g，用水溶解，稀释定容至 1L。

B.3.2 pH 6.87 标准缓冲液：称取经 120℃烘 2h 的磷酸二氢钾（KH_2PO_4）3. 398 g 和经 120℃ ~130℃烘 2h 的无水磷酸氢二钠（Na_2HPO_4）3. 53 g，用水溶解，稀释定容至 1L。

B.3.3 pH 9.18 标准缓冲液：称取硼砂（$Na_2B_4O_7 \cdot 10\ H_2O$）（在盛有蔗糖和食盐饱和溶液的干燥器中平衡一周）3. 81 g，用水溶解，稀释定容至 1L。

B.4 pH 计的校正

B.4.1 依照仪器说明书，至少使用 2 种 pH 标准缓冲溶液（B.3.1、B.3.2、B.3.3）进行 pH 计的校正。

B.4.2 将盛有缓冲溶液并内置搅拌子的烧杯置于磁力搅拌器上，开启磁力搅拌器。

B.4.3 用温度计测量缓冲溶液的温度，并将 pH 计的温度补偿旋钮调节到该温度上。有自动温度补偿功能的仪器，此步骤可省略。

B.4.4 搅拌平稳后将电极插入缓冲溶液中，待读数稳定后读取 pH。

B.5　试样溶液 pH 的测定

称取过 Φ1 mm 筛的风干样 5.0g 于 100 mL 烧杯中，加 50 mL 水（经煮沸驱除二氧化碳），搅动 15 min，静置 30 min，用 pH 酸度计测定。

注：测量时，试样溶液的温度与标准缓冲溶液的温度之差不应超过 1℃。

B.6　允许差

取平行测定结果的算术平均值为最终分析结果，保留 1 位小数。平行分析结果的绝对差值不大于 0.2 pH 单位。

附录 C

（规范性附录）

有机质含量的测定 重铬酸钾容量法

C.1 方法原理

用定量的重铬酸钾—硫酸溶液，在加热条件下，使有机肥料中的有机碳氧化，多余的重铬酸钾用硫酸亚铁标准溶液滴定，同时以二氧化硅为添加物作空白试验。根据氧化前后氧化剂消耗量，计算有机碳含量，乘以系数 1.724，为有机质含量。

C.2 仪器、设备

水浴锅；分析天平（感量为 0.0001 g）。

C.3 试剂和材料

除非另有说明，在分析中仅使用确认为分析纯的试剂。

C.3.1 二氧化硅：粉末状。

C.3.2 浓硫酸（ρ=1.84 g/cm^3）。

C.3.3 重铬酸钾（$K_2Cr_2O_7$）标准溶液：c（1/6 $K_2Cr_2O_7$）=0.1 mol/L。称取经过 130℃烘 3 h~4 h 的重铬酸钾（基准试剂）4.9031 g，先用少量水溶解，然后转移入 1L 容量瓶中，用水稀释至刻度，摇匀备用。

C.3.4 重铬酸钾溶液：c（1/6 $K_2Cr_2O_7$）=0.8 mol/L。

称取重铬酸钾 39.23 g，先用少量水溶解，然后转移入 1L 容量瓶中，稀释至刻度，摇匀备用。

C.3.5 硫酸亚铁（$FeSO_4$）标准溶液：c（$FeSO_4$）=0.2 mol/L。

称取（$FeSO_4\cdot 7H_2O$）55.6 g, 溶于 900 mL 水中，加硫酸（C.3.2）20 mL 溶解，稀释定容至 1L，摇匀备用（必要时过滤）。此溶液的准确浓度以 0.1 mol/L 重铬酸钾标准溶液（C.3.3）标定，现用现标定。

c（$FeSO_4$）=0.2 mol/L 标准溶液的标定：吸取重铬酸钾标准溶液（C.3.3）20.00 mL 加入 150 mL 三角瓶中，加硫酸（C.3.2）3 mL~5 mL

和 2 滴 ~3 滴邻啡啰啉指示剂（C.3.6），用硫酸亚铁标准溶液（C.3.5）滴定。根据硫酸亚铁标准溶液滴定时的消耗量按式（C.1）计算其准确浓度 c。

$$c=\frac{c_1\times V_1}{V_2} \tag{C.1}$$

式中：c_1——重铬酸钾标准溶液的浓度，单位为摩尔每升（mol/L）；

V_1——吸取重铬酸钾标准溶液的体积，单位为毫升（mL）；

V_2——滴定时消耗硫酸亚铁标准溶液的体积，单位为毫升（mL）。

C.3.6　邻啡啰啉指示剂

称取硫酸亚铁 0. 695 g 和邻啡啰啉 1.485 g 溶于 100 mL 水，摇匀备用。此指示剂易变质，应密闭保存于棕色瓶中。

C.4 试验步骤

称取过 Φ1 mm 筛的风干试样 0.2 g ~ 0.5 g（精确至 0.000 1 g），置于 500 mL 的三角瓶中，准确加入 0.8 mol/L 重铬酸钾溶液（C.3.4）50.0 mL，再加入 50.0 mL 浓硫酸（C.3.2），加一弯颈小漏斗，置于沸水中，待水沸腾后保持 30 min。取出冷却至室温，用水冲洗小漏斗，洗液承接于三角瓶中。取下三角瓶，将反应物无损转入 250 mL 容量瓶中，冷却至室温，定容，吸取 50.0 mL 溶液于 250 mL 三角瓶内，加水约至 100 mL 左右，加 2 滴 ~ 3 滴邻啡啰啉指示剂（C.3.6），用 0.2 mol/L 硫酸亚铁标准溶液（C.3.5）滴定近终点时，溶液由绿色变成暗绿色，再逐滴加入硫酸亚铁标准溶液直至生成砖红色为止。同时，称取 0.2 g（精确至 0.001 g）二氧化硅（C.3.1）代替试样，按照相同分析步骤，使用同样的试剂，进行空白试验。

如果滴定试样所用硫酸亚铁标准溶液的用量小到空白试验所用硫酸亚铁标准溶液用量的 1/3 时，则应减少称样量，重新测定。

C.5　分析结果的表述

有机质含量以肥料的质量分数表示（ω），单位为百分率（%），按式（C.2）计算。

$$\omega = \frac{c(V_0 - V) \times 0.003 \times 100 \times 1.5 \times 1.724 \times D}{m \times (1 - X_0)} \quad (C.2)$$

式中：c——标定标准溶液的摩尔浓度，单位为摩尔每升（mol/L）；

V_0——空白试验时，消耗标定标准溶液的体积，单位为毫升（mL）；

V——样品测定时，消耗标定标准溶液的体积，单位为毫升（mL）；

0.003——1/4 碳原子的摩尔质量，单位为克每摩尔（g/mol）；

1.724——由有机碳换算为有机质的系数；

1.5——氧化校正系数；

m——风干样质量，单位为克（g）；

X_0——风干样含水量；

D——分取倍数，定容体积 / 分取体积，250/50。

C.6 允许差

取平行分析结果的算术平均值为测定结果。平行测定结果的绝对差值应符合如下要求：

a）平行测定结果的绝对差值应符合表 C.1 的要求。

表 C.1

有机质（ω），%	绝对差值，%
$\omega \leqslant 40$	0.6
$40<\omega<55$	0.8
$\omega \geqslant 55$	1.0

b）不同实验室测定结果的绝对差值应符合表 C.2 的要求。

表 C.2

有机质（ω），%	绝对差值，%
$\omega \leqslant 40$	1.0
$40<\omega<55$	1.5
$\omega \geqslant 55$	2.0

附录 D
（规范性附录）
种子发芽指数（GI）的测定方法

D.1 主要仪器和试剂

培养皿、滤纸、去离子水（或蒸馏水）、往复式水平振荡机、恒温培养箱。

D.2 试验步骤

D.2.1 称取堆肥样品 10.0g，置于 250 mL 锥形瓶中，按固液比（质量／体积）1∶10 加入 100 mL 的去离子水或蒸馏水，盖紧瓶盖后垂直固定于往复式水平振荡机上，调节频率不小于 100 次 /min，振幅不小于 40 mm，在室温下振荡浸提 1h，取下静置 0.5 h 后，取上清液于预先安装好滤纸的过滤装置上过滤，收集过滤后的浸提液，摇匀后供分析用。

D.2.2 在 9 cm 培养皿中垫上 2 张滤纸，均匀放入 10 粒大小基本一致、饱满的黄瓜（或萝卜）种子，加入堆肥浸提液 5 mL，盖上皿盖，在 25℃的培养箱中避光培养 48 h，统计发芽率和测量根长。每个样品做 3 个重复，以去离子水或蒸馏水作对照。

D.3 计算

种子发芽指数（GI）按式（D.1）计算。

$$GI = \frac{A_1 \times A_2}{B_1 \times B_2} \times 100 \qquad (D.1)$$

式中：A_1——堆肥浸提液的种子发芽率，单位为百分率（%）；

A_2——堆肥浸提液培养种子的平均根长，单位为毫米（mm）；

B_1——去离子水的种子发芽率，单位为百分率（%）；

B_2——去离子水培养种子的平均根长，单位为毫米（mm）。